投考政府專業職系

Professional Grades

面試天書

AO | EO | TO | ATO | ALO
MSO | ACO 適用

JRE 專業導師

李Sir 著

自序

多年前，我得到出版社的賞識，出版了《投考公務員AO/EO JRE全攻略》。這本書為我帶來了許多機會，我必須再次感激出版社。其中特別的機會是在不同大學任教AO/EO面試課程。在薄扶林大學任教的職員，在那裡可享有咖啡店七折優惠；在馬料水大學，職員生育時可以升級到公立醫院的高級病房；而在又一城大學，只有職員和學生可以進入，他們可以享受該大學自家出品的牛奶。紅磡大學的停車場只為教職員和學生提供車位，教職員能夠在這個超好地段泊車，並且方便地搭乘港鐵前往不同的地方，因為紅磡站有多條四通八達鐵路線。在九龍塘大學任教則可以享受極高折扣的醫療保健，尤其是中醫療法……還有更多的好處，無法一一盡錄。

本書記錄了這些年來我在不同大學任教AO/EO面試課程的經歷和學生的回饋，特別感謝這些學生。即使他們考進政府部門後，仍然願意與我分享一些重要的資訊，我也在書中記錄下來，希望能夠幫助更多人。

出版了《投考公務員AO/EO JRE全攻略》之後，這本書為我帶來了許多機會，我再次感激出版社。當時這是香港第一本敢於教授考JRE的書籍，雖然現在市面上也有其他類似的書籍，但品質眾所皆知，只需看銷售量就能一目了然。這次再次得到出版社的賞識，出版了全港第一本AO面試書，我必須再三表達感謝之情。

JRE專業導師
李SIR

本書使用手冊

不論你是考助理文書主任（ACO）、行政主任（EO）、其他專業職系，例如助理貿易主任（ATO）/運輸主任（TO），甚至政務主任（AO），有些題目是一定會出現的。包括自我介紹、情景題、管理題、時事題等。當然，政務主任（AO）有兩輪面試，而其他只有一輪。我知道有些職位，例如郵務員的面試，竟然刪去了自我介紹的部分，但一般而言，上述的四類題目都是存在的。每個職系有其獨特情況，例如助理文書主任（ACO）的考核最後可能會要求你讀報紙，讀普通話或英文等，但主軸仍然圍繞上述四類題目。

本書的寫法希望由淺入深，會把題目分為助理文書主任（ACO）、一般專業職系和政務主任（AO）。如果你覺得淺可以看後面的部分，覺得深則可以回頭來看。最重要的是內容都是適合的。舉例來說，如果你考二級運輸主任，題目當然涉及香港交通，但不代表助理文書主任（ACO）/行政主任（AO）/政務主任（AO）等面試不會涉及交通，所以你看了是沒有壞處。

至於由淺入深的寫法，我再說明清楚一點。政務主任（AO）到助理文書主任（ACO）都需要管理人員。舉例來說，助理文書主任（ACO）可能要管理二級工人，這個管理學的問題，助理文書主任（ACO）不會要求你應用任何理論；行政主任（EO）和其他專業職系則可能需要你使用二因子理論、X和Y理論、馬斯洛的需求層次理論等；政務主任（AO）涉及的理論當然更深，這就是所謂由淺入深。

所以，如果你考助理文書主任（ACO），看完這本書一定有幫助。如果你考政務主任（AO），對運輸不了解，可以翻到二級運輸主任部分；對勞工議題不熟悉，可以翻到二級勞工主任的那篇。這本書不是只有政務主任（AO）面試那部分才對你有幫助，因為整本書的內容不重覆，但涉獵廣泛，而且是由淺入深地寫成。

另外，書中有一些題目未被提供答案。這些題目與實際面試問題非常相似。我相信有能力的讀者一定能在書中的特定節或章，尤其是政務主任（AO）章節、Level　4或高分答案中，找到需要應用的理論、文法、作答技巧，甚至是英文表達方式等相關資訊。

此外，本書提供了大量的答案，特此感謝編輯的辛勤校對工作。同樣地，感謝出版社負責人願意投入更多的印刷成本，以確保將所有考生所需的內容印刷成書。

本書內容反映了筆者在不同大學多年累積的教學經驗，非常成功，希望這本書能夠幫助到您們。

本書/ 網絡公務員投考討論區術語：

AO - 政務主任

EO - 行政主任

TO - 運輸主任

ATO - 助理貿易主任

ALO - 助理勞工主任

MSO - 管理參議主任

ACO - 助理文書主任

Chapter **01**
自我介紹

1.1 自我介紹要求

香港的公務員面試是一個嚴謹的過程，針對助理文書主任、行政主任和政務主任這三個職位的自我介紹部分，有以下詳細說明：

對於助理文書主任職位，自我介紹的要求包括清晰簡潔地介紹基本資料，如教育背景和工作經驗等。該部分主要使用中文進行。高分表現的特點包括內容組織有序，清晰明確，能夠展示與職位相關的技能和經驗，並且能夠自信流暢地表達。低分表現則可能表現為介紹含糊不清，雜亂無章，缺乏與職位相關的內容，以及語言表達不清的情況。

對於行政主任職位，自我介紹除了基本資料外，還需要強調領導能力、組織能力等。在這個職位的自我介紹中，可能需要使用部分或全部英文。高分表現的特點涵蓋中英文均表達流暢，內容結構合理，能夠展現個人的領導才能和組織能力，並且能夠適當地呈現對職位的理解和展望。低分表現可能體現為英文表達不足或者介紹內容不清晰，未能展示所需的領導和組織才能，以及缺乏對職位的理解和展望。

對於政務主任職位，自我介紹要求使用英文，並需要涵蓋個人的專業能力、領導特質等，同時強調對公共政策的理解和興趣。高分表現的特點包括英文表達流暢，自我介紹內容完整且有深度，能夠顯示出對公共政策的深入理解和熱情，同時強調個人的領導特質和對職位的適應能力。低分表現可能體現為英文自我介紹表達不流暢，內容表面，缺乏對公共政策的關注和理解，以及未能突出領導特質和職位適配度。

總的來說，不同職位級別對自我介紹有不同的要求，包括語言要求和內容深度。根據不同職位的需求，準備充分且組織有序的自我介紹至關重要。接下來，我會逐一介紹每個職系的自我介紹的得分及失分要點，難度將會逐步加深。專業職系的自我介紹範文一定會是英文的，考ACO的朋友們，請不要介意。

1.2 助理文書主任

評分表將應聘者的表現項目細分為高分和低分兩個方面：

在高分位置方面，應聘者需在各領域展現出色表現：

■ **一般辦公室支援服務**：展示優秀的組織能力和高效的時間管理，同時具備獨立解決問題和應對緊急情況的能力。

■ **人事管理**：以出色的人際溝通能力，建立良好的同事關係，同時具有處理人事問題和保護員工隱私的經驗。

■ **財務及會計**：深入了解會計準則和流程，並具備適當的分析能力，能夠理解並解釋財務報表。

■ **客戶服務**：具備卓越的溝通技巧，能夠以積極的態度處理客戶問題，提供令人滿意的解決方案。

■ **其他部門支援服務**：具備靈活適應不同部門工作需求的能力，確保各項工作協調運行。

而在低分位置方面，則需避免以下情況：

■ **缺乏專業技能**：若未能展示足夠的財務、人事或資訊科技相關知識和技能，可能會降低評分。

■ **溝通不足**：若在回答問題時表現出猶豫不決或表達不清晰，建議加強溝通能力。

■ **態度問題**：若在面試中呈現消極、冷淡或不尊重的態度，可能會對評分造成不利影響。

以下提供了一些注意事項和建議，以協助應聘者取得更好的表現：

■ 須事先了解並準備各領域的知識和技能，以確保能全面展示自身能力。

■ 建議使用具體實例，來證明在各方面的能力和經驗。

■ 展現對在不同地區工作的開放態度，以顯示適應能力。

■ 強調資訊科技應用軟件的熟悉程度，這在現代辦公環境中十分重要。

■ 展現對不定時或輪班工作的適應能力，以體現靈活性。

■ 建議選擇適當的穿著，以塑造專業形象。

以下是兩個不同背景人士在面試中的自我介紹範文。

戴大倫的自我介紹

你好，我是戴大倫，剛從李大珩中學畢業。雖然我沒有正式的工作經驗，但我在學校裡參與了許多社團活動和義工工作，對團隊合作和組織能力有一定的了解。

我在學校的科學社擔任過社長，負責策劃和協調活動。這些經歷讓我具備了出色的組織和管理能力，對一般辦公室支援服務和人事管理有實際操作經驗。我也學會了如何管理時間、領導團隊、以及與人有效溝通。

對於助理文書主任的職位，我認為我能迅速適應並學會所需的技能。我熟悉資訊科技應用軟件，能夠支援資訊科技支援服務的需求，並且我對不定時或輪班工作有充分的準備。

我期待能夠在這個職位上投入我的熱情，與你們的團隊共同成長，為政府辦事處工作出一份力。

文太太的自我介紹

你好，我是文太太，很高興有機會參加今天的面試。我曾經在商業領域工作了10年，具有豐富的財務和會計經驗。自從有了孩子之後，我選擇成為全職家庭主婦，負責管理家庭預算、孩子的教育、以及日常生活的協調。

這些經歷讓我具備了出色的組織和管理能力，尤其在財務和人事方面。我相信這些技能能夠完全應用在助理文書主任的職務上。

現在孩子已經長大，我希望能重新投入工作。我對資訊科技應用有一定的了解，能夠快速適應使用軟件執行職務，並對不定時或輪班工作的需求做好了準備。

我非常期待有機會加入你們的團隊，利用我的背景和能力，共同為公司和社會作出貢獻。謝謝！

以下是考官對每個自我介紹的評分和分析：

戴大倫的自我介紹

評分：8/10

- **內容結構**：整體結構清晰，分段合理，容易理解。
- **相關經歷**：提到了學校社團的領導經歷和自己的電腦操作能力，與職位相關。
- **個人特質**：強調了學習和成長的意願，展現積極的工作態度。
- **與職位連接**：清晰地說明了自己為何適合該職位，但可進一步具體化和連接職位描述。

文太太的自我介紹

評分：9/10

- **內容結構**：條理分明，先介紹過去的工作經歷，再說明家庭主婦期間的學習，最後表達重新投入職場的意願。
- **相關經歷**：強調了10年商業領域的工作經驗和家庭管理能力，這些經驗與助理文書主任的職責有一定的連接。
- **個人特質**：突出了組織和管理能力，以及對工作的熱情。
- **與職位連接**：說明了自己的背景和能力是如何適合這個職位的，但同樣可以更具體地連接職位的具體職責。

考官貼士：

- **更具體的連接職位描述**：戴大倫和文太太都可以進一步加強他們的自我介紹，將自己的經歷、能力和特質更具體地連接到目標職位的具體職責和需求上。這可以透過提供實際案例、成就和技能如何對職位有所貢獻等方式來實現。
- **提供量化成就**：不論是戴大倫還是文太太，都可以在自我介紹中提供一些量化的成就，這些成就能夠更清楚地展示他們的影響力和能力。例如，提及領導社團時成員增長的百分比，或者在商業領域工作期間實現的具體目標。

- **突出獨特之處**：考慮在自我介紹中強調戴大倫和文太太各自的獨特之處，這可以是他們在經歷中所具備的特殊技能、對特定工作領域的熱情，或是在過去職業經驗中獲得的寶貴教訓。
- **展示持續學習和成長**：戴大倫和文太太都強調了他們的學習和成長意願，但可以更具體地提到他們近期學習的內容，以及如何將這些知識應用到新的職位中。
- **強調適應能力**：隨著戴大倫和文太太轉向新的職業方向，強調他們的適應能力和對新挑戰的開放態度尤為重要。這可以顯示他們具備應對變化和學習新事物的能力。

總之，無論是誰，都應該在自我介紹中展示與職位相關的具體經驗、成就和技能，並突顯你的適應能力和學習意願，以增加在面試中的吸引力和說服力。

1.3 二級助理勞工事務主任

當你申請「二級助理勞工事務主任」這個職位時，如何有效地自我介紹是一個重要的議題。你需要突出自己的專業知識、經驗和能力，讓面試官清楚地看到你的優勢和潛力。二級助理勞工事務主任是一個多才多藝的專業職位，在勞工部門的不同部門工作。他們需要有能力協助制定和實施勞工政策，促進勞工關係的和諧，執行和管理勞工法規，並為求職者和僱主提供全面的就業服務。

高分位置

- **勞工法律專業知識**：候選人需展示深入的勞工法律專業知識，包括法律規範的詳細解釋，並強調具體經驗和理解相關法律和法規的能力。
- **協調和法律執行技能**：需展示豐富的協調和法律執行經驗，包括解決糾紛的能力，並強調具體解決糾紛和協助推動合規的案例。
- **人力資源管理實踐**：需了解和運用先進的人力資源管理實踐，並展示相關成功案例，例如招聘、培訓和員工關係管理等。

■ **勞動市場動態了解**：具有深入的勞動市場分析能力，能針對市場趨勢提供洞察，展示對勞動市場趨勢的敏感度和分析能力。

低分位置

■ **勞工法律專業知識**：對勞工法律的了解有限，無法詳細說明相關法規，缺乏具體經驗和理解能力。

■ **協調和法律執行技能**：協調和法律執行技能不足，缺乏解決問題的實例和具體案例。

■ **人力資源管理實踐**：缺乏人力資源管理的實踐經驗，無法舉例說明與人力資源相關的工作經驗。

■ **勞動市場動態了解**：對勞動市場動態了解不足，無法分析市場趨勢或提供有效的市場分析。

注意事項

候選人應特別注意展示其跨部門和跨地區的工作能力，包括適應和協作能力的實例。此外，還需強調與各利益相關方，例如僱主、員工、工會等的合作能力，並提供具體合作的例子以展示如何促進和諧勞工關係。在提供就業服務方面，候選人應突出具體的成就和經驗，以協助求職者和僱主。

總之，二級助理勞工事務主任職位需要一個全面的技能集，涵蓋法律、協調、人力資源和市場分析等方面。候選人的自我介紹應全面反映這些能力和經驗，並提供具體的例子和解釋來支持其聲明。

以下是兩個不同背景人士在面試中的自我介紹範文。

Interviewee 1: Literature Graduate with No Work Experience

"Hello, my name is Firestar, and I recently graduated with a Bachelor's degree in Literature from Elektra University. While my major focused on reading, writing, and human emotions, I've also taken an interest in human resources and labor relations.

Though I lack professional work experience, my academic journey allowed me to hone my analytical and communication skills, essential for conciliation and law enforcement. I've critically evaluated texts, articulated my thoughts clearly, and approached complex problems with creativity.

During my time at university, I engaged in activities like organizing literary events and debate clubs. These experiences helped me develop teamwork, leadership, and organizational skills, relevant for working with various stakeholders such as employers, employees, and workers'unions.

I acknowledge that I might need additional training in labor laws and market dynamics. Still, I believe my skills, enthusiasm, and fresh perspective would make me an asset to your organization. I'm eager to learn and grow both personally and professionally in the labour administration field."

Interviewee 2: Assistant Manager at an Accounting Firm

"Good morning, my name is Chris Lam, and I'm currently an Assistant Manager at ABC Accounting Firm. I have over five years of experience in accounting and financial management, with relevant expertise in human resources management practices.

In my role, I've overseen a team of accountants, ensured compliance with regulatory standards, and assisted clients, honing my skills in multitasking and attention to detail. These experiences could translate well into administering and enforcing labor legislation.

I hold a Master's degree in Accounting from Elektra University, and I am also a Certified Public Accountant. I've taken on increasing responsibilities, leading several successful projects, showing my capacity to work with various stakeholders, including trade associations, boards, and councils.

My management approach is collaborative, emphasizing open communication, and fostering a positive working environment, aligning with promoting harmonious labor relations. I understand I may need additional training in labor laws and market dynamics, but I'm looking forward to the possibility of contributing meaningfully to your esteemed organization, leveraging my managerial experience and strong work ethic."

以下是考官對每個自我介紹的評分和分析:

面試者1:文學專業畢業生,無工作經驗

評分:6/10

評語:

Firestar同學在文學方面的熱情和能力表現得非常明顯,表達清晰,並成功展示了其分析、領導和組織能力。然而,他的專業背景和工作經驗與二級助理勞工事務主任r的職責相去甚遠,特別是在勞動法、調解和法律執法方面。儘管積極的態度和學習意願令人欣賞,但還需要經過大量額外的培訓和指導,以適應這一職位。

面試者2:會計公司助理經理

評分:8/10

評語:

ChrisLam先生以其在會計和金融管理方面的專業知識和經驗展現出了自信。他對自己的職責和成就有著清晰的認識,並強調了自己的管理風格和職業道德。與第一位面試者相比,他的背景更適合二級助理勞工事務主任r的角色,特別是在人力資源管理實踐和與各方合作方面。儘管他的專業側重於會計,但所展示的技能和經驗將有助於他在勞工行政領域迅速適應。總體來說,他的表現相當出色,但可能還需在勞動法規和市場動態方面進行進一步培訓。

考官貼士：

在面試中，您可以透過以下方式簡單明瞭地介紹自己，同時強調克服困難和適應二級助理勞工事務主任職位的能力：

- **積極態度與學習意願：** 我具備積極的態度，並對學習保持著極大的熱情。我始終願意克服現有的專業差距，願意花費時間和努力來學習和適應新挑戰。

- **適應能力強：** 過去，我曾成功地適應並克服了新領域的挑戰。例如，我曾在不熟悉的領域學習並應用知識，這展現了我在這方面的能力。

- **會計背景的優勢：** 儘管我的專業是會計，但我相信會計技能在勞勞工行政領域也能夠有所裨益。我認為我的會計技能可以用來進行薪酬數據分析、預算管理或解決與工資相關的問題。

- **自主學習與實踐經驗：** 我始終主動地進行自主學習，並願意參與額外的培訓，以彌補在勞動法、調解和法律執法方面的知識不足。我曾參與過相關項目、培訓課程或自學努力，以提升自己的能力。

- **尋求指導與導師支持：** 我瞭解到學習需要導師和指導的支持，因此我主動尋求具有豐富經驗的人作為我的指導，以加速我的適應過程。

- **溝通與談判技能：** 我在會計領域積累了良好的溝通與談判技能，這些技能可以幫助我在勞工行政領域與各種人有效地交往。

- **未來發展計劃：** 我計劃不斷學習、參與培訓，加強自己在勞工行政領域的專業知識。我希望能夠取得更大的成就，並為此保持著持續的努力。

最重要的是，透過具體的例子和經驗來支持自己的陳述，讓面試官更好地理解您如何克服困難並融入新環境。同時，展現出對職位的熱情和願望，以及對自我提升和職業發展的承諾。

1.4 二級助理貿易主任

當你準備擔任Assistant Trade Officers II職位的自我介紹時,以下是一些可以引導你準備的高分、低分和注意事項。

高分事項:

- **專業知識的展示**:你應該強調自己對貿易、產業、創新和技術事務的熟悉程度,包括研究和分析的能力。

- **工作經驗的連接**:如果有任何與職位描述相關的工作經驗,請務必提到。例如,管理許可和控制事項、協助資助計劃的實施等。

- **展現協作和交涉能力**:自我介紹應該突出你的團隊合作和協商能力,因為職位可能需要安排海外/內地訪問和貿易投資協定的談判。

- **對小型和中型企業的理解**:強調你對小型和中型企業、創新和技術以及創意產業的認識和支持能力。

低分事項:

- **過度泛泛而談**:避免使用太多空泛的陳述,要具體、明確地表達你的專業技能和經驗。

- **忽略職位要求**:不要忽略職位描述中的任何主要部分。每一項職責都應得到足夠的關注。

注意事項:

- **保持簡潔明了**:自我介紹不應過長,要能夠精簡、有效地概括你的資格和經驗。

- **與聽眾互動**:如果可能的話,嘗試與面試官或聽眾互動,讓自我介紹更具吸引力。

- **專業語言的使用**:使用與貿易、產業和創新技術相關的專業術語,但要確保不會過於艱深,讓非專業人士難以理解。

通過專注於這些高分、低分和注意事項,你可以創建一個有力、引人注目的自我

介紹，為Assistant Trade Officers II的角色做好充分準備。在整個過程中，展現你的熱情和對職位的理解將是關鍵。

以下是兩個不同背景人士在面試中的自我介紹範文。

Sarah Lee: Recent BBA Graduate with No Work Experience

Good [morning/afternoon], esteemed panel members. I am thrilled to have the opportunity to introduce myself for the position of Assistant Trade Officer. My name is Sarah Lee, and I am a recent graduate with a Bachelor's in Business Administration. While I may lack professional work experience, I believe my academic background and passion for business make me a strong candidate for this role.

During my time at university, I actively participated in various campus organizations, including holding leadership positions in student groups. These experiences have honed my organizational and leadership skills, which I consider essential in contributing to a dynamic and collaborative work environment such as the HKSAR government.

Although I lack direct work experience, my academic journey has equipped me with a solid understanding of business concepts and practices. I am an avid learner, eager to embrace challenges and continuously grow. While my experience may not be industry-specific, I am confident that my enthusiasm for trade and commerce, coupled with my determination to learn, will allow me to quickly adapt and contribute effectively to the role.

I understand the importance of aligning my skills with the specific demands of the Assistant Trade Officer position. While I may not have direct trade or innovative technology experience, I am committed to bridging this gap through continuous learning and development. I am excited about the prospect of contributing my fresh perspective and energy to the team.

Kai Joe: Marketing Trainee with Three Years of Experience at a Large Corporation.

Greetings, esteemed members of the panel. I extend my warm regards as I introduce myself as a prospective candidate for the role of Assistant Trade Officer. I am honored to stand before you, sharing insights into my qualifications. My name is Kai Joe, and I come equipped with an extensive three-year background in marketing gained at a prominent corporate entity. This experience renders me a well-suited contender for the position at hand.

My voyage through the realm of marketing has been profoundly influenced by my tenure at Man Dor Dor Company, where I adeptly executed a diverse array of marketing undertakings, all of which substantially propelled business growth. I led interdisciplinary teams, orchestrating inventive campaigns that honed my skills in negotiation, managing client relationships, and ensuring flawless project execution.

Throughout my tenure, I engaged in ventures closely mirroring the proficiencies sought after for the role of Assistant Trade Officer. I boast an established history of collaborating harmoniously with multifaceted teams, adeptly navigating intricate challenges, and delivering outcomes that seamlessly aligned with overarching strategic objectives. My marketing background has also ingrained in me the significance of keeping abreast of emerging technologies and fostering innovation, both of which I deem pivotal in the ever-evolving landscape of trade.

While I take pride in my achievements, I humbly acknowledge the potential to further amalgamate my marketing prowess with the responsibilities of the Assistant Trade Officer position. My adeptness in negotiating agreements and cultivating partnerships with stakeholders can seamlessly translate into the realm of trade and investment negotiations. I am resolute in my capacity to harness my marketing acumen to make a valuable contribution within this dynamic domain.

以下是考官對每個自我介紹的評分和分析：

Sarah Lee: Recent BBA Graduate with No Work Experience

評分：7/10

優點：

■ 自我介紹清晰，突出了學業背景及參與的校內活動，表現出對商業的熱情。

■ 在學生組織中的角色顯示了領導能力和組織能力。

■ 雖無工作經驗，但強調了學業中培養的商業概念和實踐，顯示了學習與成長的態度。

缺點：

■ 未針對特定職位要求進行深入介紹，如與貿易、創新科技等相關的經驗或技能。

■ 缺乏具體與工作相關的實際案例，可能使雇主對能力的判斷留有疑問。

Kai Joe: Marketing Trainee with Three Years of Experience at a Large Corporation

評分：9/10

優點：

■ 擁有三年的大公司市場營銷培訓經驗，更符合工作職位的需求。

■ 描述了具體的市場營銷項目和成就，展示了實際工作能力和經驗。

■ 強調了跨職能團隊合作和持續學習的經歷，符合工作職位對創新和技術方面的要求。

■ 通過具體的例子展示了如何與客戶建立關係和成功推動業務增長的能力。

缺點：

■ 能夠更深入地連接自己的市場營銷經驗與助理貿易官的職責，如貿易和投資協議的協商等。

■ 雖然有工作經驗，但仍可增加一些與特定工作職位更相關的技能和資格說明。

考官貼士：

你要在自我介紹中更精確地突出與職位相關的經驗和技能。下面將提供十個方面，你可以透過這些方面精確地突出與職位相關的經驗和技能：

■ **明確了解職位需求：** 強調你對貿易、產業、創新和科技事務的研究和分析能力，以及與管理許可證和控制事項的經驗。

■ **使用相關關鍵字和術語：** 在介紹中使用與貿易控制系統、工業/資金數據和資金管理相關的專業術語。

■ **提供具體例子：** 分享你在協助實施資金計劃和支援中小企業、創新和技術以及創意產業方面的具體經歷。

■ **強調解決問題的能力：** 描述你在處理政府資助組織的日常事務方面是如何解決問題和克服挑戰的。

■ **展示持續學習的態度：** 強調你如何通過研討會和培訓不斷提升在貿易、產業、創新和科技領域的知識和技能。

■ **強調團隊合作能力：** 舉例說明你如何與不同部門或機構合作，協助安排海外/內地訪問、本地工廠/公司參訪等。

■ **展示領導能力：** 如果你有領導項目或團隊的經驗，可說明如何運用領導技巧在貿易和投資協議的協商等方面取得成功。

■ **突出專業技能：** 特別強調你在提供與貿易控制系統、工業/資金數據和資金管理系統相關的計算服務方面的專業技能。

■ **展示價值觀和文化契合度：** 如果與政府或公共服務相關，可分享你的一些價值觀或理念，展示你對服務公眾和促進社會發展的承諾。

■ **包含量化的成就：** 用具體數字和統計來描述你在貿易、創新和技術方面的具體成就，例如協助提高某個行業的資金效益或促進中小企業發展等。

通過這十個方面，你可以在自我介紹中更精確地突出與職位相關的經驗和技能，提高自己在招聘過程中的競爭力。

1.5 二級管理參議主任

二級管理參議主任主要的工作是協助各個局處進行管理諮詢，以促進和實施變革，加速創新和技術採納，並促進跨部門合作，提供更好的服務。我會參與各種類型的諮詢，包括業務流程再造、部門管理審查、組織審查、績效管理、設計思維、知識管理、共享服務、公共部門創新、信息技術應用研究、政府簡化和商業便利化工作審查，以及市場和財務分析。你也可能需要協助管理直接公共服務渠道/平台的運營，提供一站式服務，支持創新項目的實施。我可能會被派駐到不同的政策局和部門工作。

高分要點：

■ **強調專業技能**：在自我介紹中，你可以強調你的專業技能，例如業務流程再造、設計思維、知識管理等方面的經驗和能力。

■ **多元任務**：提到你在不同諮詢領域的經驗，這能展示你的多元能力和適應性。

■ **跨部門合作**：強調你在促進跨部門合作、提供更好服務方面的角色，這體現了你對整體機構目標的貢獻。

■ **公共服務使命**：強調你協助管理公共服務渠道和項目的經驗，以及支持創新和變革的使命感。

低分要點：

■ **模糊的描述**：過於泛泛的描述可能使你的自我介紹缺乏具體性，難以讓人了解你的實際貢獻。

■ **缺乏關聯性**：確保你的介紹與應徵的職位相關，不要提到與工作無關的經歷。

■ **過度使用行政詞彙**：避免使用過於官方或行政的詞彙，使自我介紹更加親切自然。

注意事項：

■ **簡潔明瞭**：使用清晰的語言，避免使用過多的行政術語，使你的自我介紹容易理解。

■ **具體事例**：在描述你的經驗和能力時，儘量提供具體的案例，以證明你的能力。

■ **自信積極**：表達你對於能夠貢獻和成功執行工作的自信，但不要過於自大。

■ **與職位對應：**確保你的自我介紹與應徵的職位要求相符，突出你與該職位相關的經驗和能力。

以下是兩個不同背景人士在面試中的自我介紹範文。

Ingram Yang - Engineering Graduate without Work Experience

Hello everyone, I'm Ingram Yang, a recent university graduate with a background in engineering. While I may not have formal work experience yet, my academic journey has equipped me with a strong foundation in problem-solving, critical thinking, and technical skills. I pursued engineering because I'm passionate about innovating and creating solutions that address real-world challenges.

During my time at university, I engaged in several group projects that required collaboration, time management, and technical expertise. One project involved designing a sustainable energy-efficient system for a local community center. This experience honed my ability to work effectively within a team and think creatively to find practical solutions.

My academic pursuits have also encouraged me to stay updated with industry trends and emerging technologies. I'm particularly interested in renewable energy solutions and sustainable design practices. While I haven't yet entered the workforce, I am eager to contribute my skills and learn from experienced professionals in the engineering field.

I am excited to begin my career journey, and I am actively seeking opportunities that will allow me to apply my engineering knowledge and grow as a professional. Thank you for considering my profile.

Bowie Poon - Administrative Professional with 5 Years of Experience

Dear all, I am Bowie Poon, an experienced administrative professional with a successful track record of five years in the field. Throughout my career, I have demonstrated a strong commitment to efficiency, organization, and exceptional service delivery.

In my previous roles, I have been responsible for managing complex calendars, coordinating meetings and events, and handling various administrative tasks. My attention to detail and ability to multitask have allowed me to consistently meet deadlines and ensure seamless operations within my teams.

One of my significant achievements was implementing a streamlined document management system that reduced retrieval time by 30%. This initiative not only enhanced productivity but also contributed to improved collaboration across departments.

Having spent five years in the administrative sector, I have developed a deep understanding of office management and a proficiency in utilizing various software applications. I am also proud of my interpersonal skills, which have allowed me to foster strong working relationships with colleagues and stakeholders.

As I continue to seek new challenges and opportunities for growth, I am excited to contribute my expertise to a dynamic team. My commitment to excellence and continuous improvement aligns well with my aspirations for further professional development.

考官評語：

Ingram Yang - Engineering Graduate without Work Experience

評分：4/10，不合格

IngramYang在自我介紹中強調了他的學術背景和技能，但未能充分彰顯他如何將這些能力應用於實際情境中。雖然他在大學期間參與了團隊項目，但他缺乏具體的數據或案例來支持他的聲明。他對可再生能源和可持續設計的興趣雖然有價值，但他沒有提供更多關於如何應用這些興趣和知識的細節。此外，他對未來職業發展的期望雖然正面，但更多關於他如何克服目前的不足，以實現這些目標的信息將使自我介紹更有說服力。

Bowie Poon - Administrative Professional with 5 Years of Experience

評分：7/10

雖然BowiePoon在自我介紹中提到了她的經驗和成就，但她缺乏更具體的數據來支持她的聲明。她實施的文件管理系統的案例很有潛力，但她可以提供更多有關如何評估該系統成功的信息。她在人際交往和辦公室管理方面的能力雖然強調，但缺乏實際的例子來證明這些技能是如何促進團隊合作和流程優化的。提供更多具體的情境和數據將使她的自我介紹更具有說服力。

考官貼士：

二級管理參議主任所涉及的咨詢和方法，通常基於多種管理理論，如效能管理、變革管理、戰略管理、成本效益分析等。在實施這些咨詢時，管理服務人員可能會採用不同的理論和方法，以確保達到預期的結果。如你能把這些理論加到自我介紹，效果更理想。以下將對這些理論進行簡要展示，若你對這些理論不熟悉，後文將有詳盡介紹。

■ 商業流程再造（Business Process Re-engineering BPR）：這是一種重新設計和改進組織流程的方法，以實現更高效率和更好的結果。它強調徹底重新思考和重新設計流程，以去除不必要的步驟和浪費，從而實現更快速和成本效益的運作。

■ 部門管理評估（Departmental Management Reviews）：這種評估通常涉及對組織部門進行全面的評估，以確定其運作的效率和效益。它可能使用各種管理工具和方法，以確定哪些領域需要改進以實現更好的管理結果。

■ 組織重組（Organisation Restructuring）：這涉及重新組織組織的架構和職能，以確保它們更適應當前和未來的需求。這可能包括重新分配職責、調整組織層級，以及改變內部流程。

■ 外包和公私合作夥伴關係研究（Outsourcing and Public Private Partner-ships Studies）：這些研究涉及將組織的某些職能或服務外包給第三方，或者在公共和私人部門之間建立合作夥伴關係，以實現更好的效果和效率。

■ 為價值而花費研究（Value for Money Studies）：這些研究旨在確定組織在達到目標時的成本效益，以確保資源得到最佳的使用。

■ 信息技術應用研究（Information Technology Application Studies）：這些研究可能涉及評估組織的信息技術系統，以確保它們能夠有效地支持業務運作和流程。

■ **市場和財務分析（Market and Financial Analysis）**：這些分析可能涉及評估市場機會，以及評估組織的財務健康狀況，以做出更好的管理決策。

1.6 二級運輸主任

在見工自我介紹中，針對二級運輸主任這份職位，你須注意以下要點：

高分要點：

■ **專業知識與技能**：強調你具備相關領域的專業知識和技能，如運輸管理、交通流量控制、數據分析等。提到你的學經歷、培訓或相關認證，以證明你對該領域的瞭解。

■ **操作經驗**：強調你在管理公共運輸服務、交通管理方案和應急協調中心等方面的實際操作經驗。列舉具體的任務或專案，證明你在這些領域中的能力。

■ **數據分析和評估能力**：強調你在收集、更新和分析運營/財務數據方面的能力，特別是在公共運輸費用確定研究、殘疾人士運輸規劃和停車設施供應等方面的應用。

■ **團隊合作**：提到你在協調標案、評估標書和與不同部門合作方面的經驗。強調你的團隊合作態度和溝通技巧。

低分要點：

■ **缺乏相關經驗**：如果你在相關領域缺乏實際經驗，要注意避免過於突出這一點。相反，強調你的學習能力、適應能力和渴望學習新知識的態度。

■ **單一技能重點**：避免只強調單一技能，因為該職位需要多項技能和職責。要展現你具備應對多項挑戰的能力。

■ **不具體的描述**：避免使用模糊的描述，如「善於解決問題」或「良好的人際關係」。盡量通過具體的例子和成就來展示你的能力。

注要事項：

- **專業相關性**：在你的自我介紹中，突出與公共交通運輸、橋樑/隧道監控，以及停車設施管理等相關的經驗和技能。請集中討論你如何進行運輸服務的分析、評估和監督，以及你的緊急應對能力

- **具體實例**：提供關於你如何處理交通管理、緊急協調或運輸計劃的實例。分享一些成功的案例，如你如何有效地處理交通緊急情況或如何成功地完成公共運輸計劃。

- **與部門價值觀匹配**：強調你的工作方法和態度是如何與運輸署的價值觀和文化相契合的。特別是在保障公眾利益、確保交通安全和優化公共運輸服務等方面。

- **簡潔且重點明確**：確保你的自我介紹不過於冗長，應聚焦於上述提到的關鍵能力和經驗，並突出你在這方面的專長。

最後，要記住自信地展示你的能力和經驗，並強調你能夠為二級運輸主任帶來價值。

以下是兩個不同背景人士在面試中的自我介紹範文。

Dorman-Recent Geography Graduate for Government Position:

Greetings! I'm Dorman, and I'm delighted to introduce myself for the Transport Officer II role within the government sector. Freshly graduated with a degree in Geography, my academic journey has equipped me with a solid foundation to contribute meaningfully to transportation management and analysis.

My studies have provided me with a comprehensive understanding of transportation systems, traffic flow control, and data analysis. While I may lack direct professional experience, my educational background has fostered my ability to comprehend the intricacies of this field. I am eager to leverage my theoretical knowledge and translate it into practical solutions.

Though my exposure to real-world operations may be limited, my willingness to learn and adapt shines through. I possess a strong drive to acquire new knowledge and skills, which I believe is essential for success in this dynamic role within the government setting.

Priscilla - Urban Planning Professional with 5 Years of Experience for Government Position:

Greetings and salutations! I'm Priscilla, and I'm thrilled to present myself as a seasoned urban planning professional vying for the Transport Officer II position within the esteemed government sector. Over the past five years, I've been deeply involved in urban mobility enhancement and transportation strategy development, aligning closely with the government's commitment to public service.

Throughout my tenure in urban planning, I've led initiatives focused on improving transportation infrastructure, managing traffic schemes, and collaborating with diverse stakeholders. These experiences have nurtured my knack for data analysis and empowered me to evaluate the effectiveness of innovative traffic management methods.

My involvement in planning inclusive transportation systems for individuals with disabilities has honed my sensitivity to accessibility concerns. Moreover, my participation in tender coordination and vendor evaluation exercises has allowed me to thrive within the procedural intricacies of government operations.

I thrive under pressure, and my track record of managing transport-related crises positions me well to contribute effectively to the Emergency Transport Coordination Centre. With deep respect for the values of the government sector, I am eager to bring my expertise to a role that aligns so seamlessly with my career trajectory.

考官評語：

Dorman - Recent Geography Graduate for Government Position:

評分：7/10

Dorman的自我介紹展示了你在地理學方面的扎實基礎和對交通系統的理論知識。強調你願意學習和適應是值得稱讚的，因為它顯示了你願意填補學術知識與實際應用之間的差距。然而，你可以強調一下可轉移的技能，如批判性思維、問題解決和數據分析，這些對於交通主管角色至關重要。雖然你的熱情是明顯的，但考慮加入一些具體的例子或項目，以展示你在交通管理和分析方面的能力。總體而言，你已經有了一個良好的開端，但進一步將你的學術背景與工作要求聯繫起來會加強你的自我介紹。

Priscilla - Urban Planning Professional with 5 Years of Experience for Government Position:

評分：9/10

Priscilla，你的自我介紹寫得很好，引人入勝。你有效地突顯了你在城市規劃領域的五年經驗，直接將你的成就與二級運輸主任職位的職責相吻合。你在交通基礎設施改善、利益相關者合作、數據分析和危機管理方面的經驗展示了強大的技能組合。提及你在為殘障人士規劃包容性交通系統的工作，以及在招標協調和供應商評估方面的參與，展示了你對政府運作複雜性的深刻理解。此外，你對應急交通協調中心工作的提及顯示出你在應對緊急情況方面的能力。你的熱情、相關經驗和在壓力下的表現能力都得到了很好地傳達。考慮加入一句簡短的話，提到你熟悉相關法規或條例，以進一步強調你為這個職位的準備情況。

考官貼士：

當你將你的學術背景與工作要求聯繫起來，可以強調以下方式來加強你的自我介紹：

- **運輸學**：我的運輸學學位使我對交通系統的運作和管理有深入的了解。我熟悉交通流量控制、運輸系統的優化和效率提升。這將有助於我有效地監督和分析

公共交通服務的運營，以確保順暢運行和人民的便利。

- **城市規劃學、市區規劃學**：我的城市規劃學學位讓我能夠深入了解城市交通和運輸的相互關係。我在城市設計和土地規劃方面的知識，使我能夠提出可持續的交通解決方案，並將交通系統與城市發展融合，從而創造更宜居和可持續的城市環境。

- **經濟學**：我的經濟學學位使我能夠分析交通系統的經濟效益和影響。這將有助於我評估交通方案的成本效益，並提出能夠實現最大效益的運輸策略，同時保證公共資源的有效運用。

- **土木工程學**：作為一名土木工程學學士，我具備了設計和維護交通基礎設施的技術知識。我能夠理解交通系統的建設和維護需求，並確保道路、橋樑和隧道等設施的安全運行，同時提高運輸效率。

- **環境學**：我的環境學學士學位使我特別關注交通系統對環境的影響。我能夠考慮到交通方案對空氣質量、能源消耗和碳排放等方面的影響，並提出減少環境影響的策略，以實現可持續的交通運輸。

- **商學**：我的商學學位使我具備了在管理和運營交通系統時所需的商業知識。我能夠協調供應鏈，管理資金，同時保持財務穩健，確保交通運輸的順利運行。

- **公共行政學**：我的公共行政學學士學位使我對政府運作和政策制定有深入的理解。我將能夠有效地協調和管理交通計劃，確保它們符合政府政策，同時為市民提供高效的運輸服務。

- **地理學、社會學**：我的地理學和社會學學位讓我能夠理解人口流動和社會需求對交通系統的影響。我能夠設計出能夠滿足不同社區和人群需求的交通解決方案，確保公平和包容性的運輸環境。

1.7 二級行政主任

以下貼士將有助於突顯您如何能夠在行政主任職位上發揮作用，以及您的專業能力如何滿足組織的需求。

高分要點：

- **專業行政管理**：作為行政主任，我擁有專業的行政管理背景，尤其在資源和系統管理方面，能夠有效地配置和優化資源，確保組織內部運作的高效性。

- **協調合作能力**：我在不同決策局和政府部門的工作經驗，使我熟悉多元化的合作環境，並能夠與各種背景和專業的人員協調合作，達成共同目標。

- **行政支援專業**：我的專業能力包括人力資源管理、部門行政和一般行政支援，這些能力使我能夠確保組織內部運作的順暢，並有效地滿足法規和政策要求。

- **計劃和項目管理**：我在計劃和項目管理方面具有豐富的經驗，能夠策劃、執行和監控各種項目，確保它們按時交付並達到預期目標。

低分要點：

- **模糊表達**：在自我介紹中使用模糊的描述，可能導致聽眾無法理解您的實際能力和經驗。

- **過度自我中心**：過度強調自己的成就而忽略了與團隊和組織合作的重要性，可能給人留下自我中心的印象。

- **缺乏具體例子**：如果只是列舉技能而缺乏具體的案例來佐證，可能會使自我介紹顯得空洞和不具說服力。

注要事項：

- **清晰簡潔**：自我介紹的表達要清晰簡潔，避免使用過多的行業術語，讓人一目了然。

- **專注職責**：在自我介紹中，專注地闡述您如何符合行政主任的職責和要求，這有助於讓招聘方更好地理解您的適合度。

- **展現價值**：強調您的專業能力如何為組織帶來價值，並如何協助實現順暢的內

部運作和高效的政策執行。

以下是兩個不同背景人士在面試中的自我介紹範文。

Hina（英文系剛畢業）：

It is with great enthusiasm that I introduce myself as Hina, a neophyte graduate adorned with a Bachelor's degree in English Literature. My academic voyage has been a captivating odyssey, unraveling the labyrinthine intricacies of linguistic nuances, incisive critical analysis, and the art of eloquent expression. I am profoundly elated at the prospect of harnessing these multifaceted skills to invigorate the role of an Administrative Director.

Embarking upon an expedition into the realm of English literature, I have gleaned a profound understanding of the potency embedded within lexicons, the alchemy of which can evoke a panoply of emotions and engender profundities. My capacity to deconstruct intricate textual enigmas and articulate intricate cognitions has imbued me with an acutely discerning eye for minutiae—a sine qua non trait indispensable for the efficacious management of administrative tasks.

While the nexus between my academic pursuit and administrative directorship might appear elusive, I submit that the bedrock of effective administration is indissolubly tied to the tenets of lucid communication and sagacious problem-solving. My active engagement in sundry group endeavors serves as a testimonial to my adeptness in orchestrating collaborative symphonies amidst an eclectic ensemble. Emanating from the esoteric realm of academia, I am poised to infuse operational dexterity through the melodic cadence of articulation, thus symmetrizing organizational dynamics.

The ardor I reserve for literature has kindled an unwavering commitment to precision—a resonance that naturally permeates my disposition toward meticulous administrative stewardship. I asseverate my desire to transpose my hermeneutic abilities toward optimizing procedural paradigms, judicious resource allocation, and overarching organizational triumph.

C Plus（外國工流回流）：

I proffer my salutations as C Plus, a seasoned professional who has traversed international landscapes, recently reorienting toward my native shores. It is with palpable anticipation that I contemplate aligning my manifold experiences with the mantle of an Administrative Director, affording an orchestra of expertise that orchestrates organizational crescendos.

My peregrinations across global landscapes have imparted invaluable insights into the kaleidoscopic milieu of cross-cultural dynamics, resource optimization, and the orchestration of strategic leadership. The crucible of international domains has honed my capacity to navigate multifarious complexities, steering projects toward triumphant denouements. It is my fervent intent, as an Administrative Director, to imbue these erudite confluences into the crucible of organizational fortitude.

Having honed my mettle within cross-continental crucibles, I proffer an arcanum of insights into efficacious workflow paradigms, harmonious interdepartmental liaison, and perspicacious decision-making dexterity. The veritable keystone of my acumen lies in deftly orchestrating the heterogeneity of talents toward collective crescendos—a symphony that resonates through collaborative polyphony.

Akin to a prodigal's return, I am resolute in channeling my global acumen to nurture local valor. As Administrative Director, the canvas I envision encompasses the choreography of administrative leitmotifs, engendering a resonant symphony of cohesive operational narratives.

Beyond the realms of professionalism, my sojourns have nurtured a commitment to engendering cultural confluence and galvanizing collaborative symposiums. The canvas of my aspiration extends to imbuing the Administrative Director role with a thematic tapestry woven from international odysseys and sagacious stratagem.

考官評語：

Hina（英文系剛畢業）

評分： 8/10

Hina的自我介紹極具文學與語言的韻味，充分展現了她在英文文學方面的深厚學識。她的文筆流暢，運用了不少高雅的詞彙，讓人印象深刻。她將自己在英文文學領域的經驗與行政主任職務的關聯作了詳細的闡述，展現出她的潛力與積極的心態。

C Plus（外國工流回流）：

評分： 6/10

CPlus的自我介紹展現出他豐富的國際經驗以及對於管理領域的深刻理解。他巧妙地運用了多樣的詞彙，展示了他的專業素養和口才。他將自己在國際環境中的經驗與行政主任職務緊密結合，並且清晰地陳述了自己將如何為組織帶來價值。他的介紹充滿了自信和決心，這是一個引人注目的優點。唯一的建議是，在保持專業的同時，可以適度簡化某些表達，以確保信息的傳遞更加流暢。

考官貼士：

在這份自我介紹中，你會注意到我的英文水平相比之前的專業有了明顯的提升。確實，如果用之前那種水平去應對EO（招聘活動？）是絕對會碰壁的。因為EO對於所修專業並沒有限制，與其他職系如TO不同，後者僅限定於某十個主修科目。因此，能夠參與EO的英文水平顯然需要更高一層樓。同時，他們的自我介紹都是由專業人士撰寫的。

需要注意的是，英文表達必須要流利。Hina這篇英文畢業論文寫得比較流暢，而C Plus這篇明顯過於深奧，不太像是英文母語人士的表達方式。

以下是上述兩篇面試稿件中使用的十個中級英文字詞，以及它們的中文意思：

- **Neophyte**（新手）：初學者或新手，尤指在特定領域或活動中。
- **Odyssey**（長途旅程）：一段長且充滿事件的旅程，通常伴隨著各種經歷和挑戰。
- **Intricacies**（錯綜複雜）：事物的複雜和詳細的方面或元素。
- **Eloquent**（雄辯）：在說話或寫作中流利且有說服力，通常以優美和富有表達力的語言為特徵。
- **Profoundly**（深刻地）：深深地和強烈地，表示強烈的程度或範圍。
- **Minutiae**（細節）：小而常常瑣碎的細節或細部事項。
- **Adeptness**（熟練）：在特定領域或活動中的熟練或精通。
- **Symmetrize**（使對稱）：使對稱或達到平衡和和諧。
- **Hermeneutic**（詮釋學的）：涉及對文本或溝通進行解釋和分析的。
- **Denouement**（結局）：故事、情況或一系列事件的最終解決或結果。

這些詞語在提供的文本中被使用，以展示作者精湛的語言技巧，並傳達他們在不同語境下的深刻理解。

1.8 政務主任

以下貼士將有助於突顯您如何能夠在行政主任職位上發揮作用，以及您的專業能力如何滿足組織的需求。

高分要點：

1. 能夠明確表達自己的專業背景和能力，並且將其與政務主任的職務相匹配；
2. 能夠清晰地陳述自己的求職動機，並且能夠展現對政府工作的熱情和貢獻意願；
3. 能夠舉出具體的例子，展示自己在公共管理領域的經驗和成就；
4. 能夠表現出對政策制定、資源調配等方面的理解和掌握能力；

5. 能夠展現出良好的溝通能力和團隊合作精神。

低分要點：

1. 自我介紹過於模糊，缺乏具體的例子和證明；
2. 沒有將自己的能力與政務主任的職務相匹配，缺乏專業性；
3. 沒有表現出對政府工作的熱情和貢獻意願；
4. 沒有表現出對政策制定、資源調配等方面的理解和掌握能力；
5. 沒有展現出良好的溝通能力和團隊合作精神。

注要事項：

1. **突出自己的公共管理專業：**政務主任是專業的公共管理人員，所以在自我介紹中要突出自己的公共管理專業，包括相關的學歷、培訓和工作經驗等，以證明自己具備這方面的能力。

2. **展示政策制定和資源調配方面的能力：**政務主任需要參與制定政策、調配資源等，所以在自我介紹中要展示自己在這方面的能力，包括具體的工作經驗和成就。

3. **強調多元化的工作經驗：**政務主任需要經常調派至不同的政策局和部門工作，所以在自我介紹中要強調自己具有豐富的工作經驗，能夠適應不同的工作環境和要求。

4. **展現海內外推廣香港的能力：**政務主任需要在內地和海外推廣香港，所以在自我介紹中要展現自己具有海內外工作和交流的經驗和能力，能夠有效地推廣香港。

5. **強調團隊合作和溝通能力：**政府工作需要團隊協作和順暢的溝通，所以在自我介紹中要強調自己具有良好的團隊合作和溝通能力，能夠與不同的人員和部門有效合作。

6. **闡述對政府工作的熱情和貢獻意願：**政務主任需要對政府工作充滿熱情和貢獻意願，所以在自我介紹中要表達自己對政府工作的熱情和貢獻意願，並且強調自己能夠為政府各範疇的工作做出貢獻。

以下是兩個不同背景人士在面試中的自我介紹範文。

Ivy Archimedes - recent graduate in law degree

Permit me to elucidate upon my credentials as an aspiring Government Administrative Officer within the Hong Kong Special Administrative Region. My appellation is Ivy Archimedes, a recent jurisprudence graduate possessing an illustrious academic chronicle and an inclination for immersing in a diverse gamut of scholastic and extracurricular activities. I harbor conviction that my multifarious experiences shall serve as a sturdy substratum for the manifold requisites of this venerated position.

Throughout my academic odyssey, I have been an ardent participant in an array of initiatives, encompassing albeit not confined to student governance, legal clinics, and international moot court competitions. These endeavors have fostered my proficiency in policy formulation, resource allocation, and the promotion of Hong Kong both domestically and internationally.

As an exemplar, whilst occupying a position in the student government, I championed the materialization of an all-encompassing mental well-being program, eliciting extensive commendation and acknowledgment. This undertaking epitomized my capacity to conceive and actualize momentous initiatives, an aptitude that corresponds with the quintessential competencies necessitated of a Government Administrative Officer.

Matthew Jack Li - 3 years experiences working in international firm

It is with abysmal reverence that I tender myself as a potential Government Administrative Officer within the Hong Kong Special Administrative Region. My moniker is Matthew Jack Li, and I have accrued an estimable treasure trove of erudition laboring for a transnational syndicate for a triad of solar circuits. My motley vocational antecedents, amalgamated with my indomitable fealty to the quest for preeminence, transmute me into a consummate aspirant for this lauded commission.

In my antecedent capacity, I was vouchsafed with the coordination of inter-functional phalanxes, the brokering of byzantine negotiations, and the enablement of fiscal aggrandizement across an abundance of emporiums. These obligations have honed my facility in stratagem conceptualization, endowment dissemination, and the actualization of germane government programs, all of which constitute indispensable aptitudes for a Government Administrative Officer.

To evince my pragmatic sagacity, I efficaciously helmed a detachment deputed to magnify our syndicate's foothold in incipient bazaars. Through punctilious scheming, discerning resource curatorship, and the fostering of tactical coalitions, I contrived to appreciably swell our market quota and brand apperception. This attainment serves as an attestation to my capacity to contribute substantively to the motley concourse of tasks envisaged of a Government Administrative Officer.

考官評語：

Ivy Archimedes - recent graduate in law degree

評分：8/10

在她的自我介紹中，她清楚地陳述了自己的學術背景和豐富的經驗，特別是在學生治理、法律診所和國際模擬法庭競賽方面的參與。她強調了自己的專業能力和對政府行政官員職位的適合度。她的語言流暢，表達精確，使用了一些高級詞彙，但並沒有過度修飾。整體上，她的自我介紹是一篇清晰、有說服力的文章。

Matthew Jack Li - 3 years experiences working in international firm

評分：3/10 (不合格)

政府行政官員的職責通常涉及到政策制定、執行和監督等方面，需要具備相關的專業知識和技能，如法律、經濟、政治等方面的知識，以及組織管理、協調溝通、項目管理等方面的技能。這些能力需要在相關領域的學術和實踐經驗中得到培養和提高。

Matthew Jack Li在自我介紹中強調了自己在跨國公司的三年工作經驗，特別是在協調不同部門之間的合作和開拓新市場方面的能力。這些經驗對於在商業領域中的工作可能很有價值，但是在政府行政官員職位中，可能沒有直接的轉移價值。

政府行政官員需要具備與公共管理和公共政策相關的專業知識和技能，以及與不同利益相關方進行協調和溝通的能力。

因此，我認為Matthew Jack Li的自我介紹中缺乏對於政府行政官員職位的職責和要求的理解和解釋，以及對於自己能夠勝任這個職位的具體證明。他的實際經驗和技能可能不足以應對政府行政官員的職責和要求。因此，他的自我介紹屬下品。

考官貼士：

能夠去到政務主任面試的對手，當然他們的實力和履歷都是達到頂尖級數，包括法律系畢業兼積極投入多元活動的Ivy。當然，若您英文水平不高，根本沒法聽得懂/看得明上述英文介紹，那可返回前頁那些較簡單的看。

又倒過來說，若沒有足夠的英文能力，又怎麼當政務主任的考官？他們當然聽得懂，例如陳太、葉太都是香港大學英文系畢業的。

我最欣賞的一句是My sobriquet is Ivy Archimedes, a fledgling jurisprudence alumnus boasting a luminous pedagogic annal, brimming with an unquenchable penchant for engrossing myself in a kaleidoscopic ambit of erudite and extramural pursuits. 翻譯為我的綽號是Ivy Archimedes，一位初出茅廬的法學畢業生，擁有著輝煌的教學歷程，充滿了對涉獵廣泛的博學和課外活動的無盡愛好，當中非常押韻，是就著自己的名字寫的自我介紹。（押韻：Ivy - Archimedes，alumnus - annal，pursuits - unquenchable）

另外，Matthew Jack Li可以通過具體的例子和證據來證明他的跨國公司的三年工作經驗具有轉移價值。例如，他可以舉出在跨國公司工作期間，他如何協調不同國家和地區的團隊，在語言、文化和法律等方面的差異下保持合作和溝通，以及如何在不同的市場中開拓新業務機會，提高銷售額和市場佔有率等成就。

此外，他也可以通過舉出在跨國公司工作期間所學到的專業知識和技能，如組織管理、項目管理、協調溝通等，這些都是在政府行政官員職位中也需要的能力。他可以講述如何運用這些技能和知識來解決問題和實現目標，以及如何在不同的文化和環境下適應和應對挑戰等。

總之，Matthew Jack Li需要通過具體的例子和證據來證明他的跨國公司的三年工作經驗具有轉移價值，並且能夠應對政府行政官員職位的要求和挑戰。

以下是上述兩篇面試稿件中使用的十個高級英文字詞，以及它們的中文意思：

1. Permit me to elucidate upon my credentials - 允許我闡述一下我的資格

2. An aspiring Government Administrative Officer - 一位有抱負的政府行政主任

3. Possessing an illustrious academic chronicle - 擁有卓越的學術履歷

4. A diverse gamut of scholastic and extracurricular activities - 多元化的學術和課外活動

5. A sturdy substratum for the manifold requisites - 堅實的基礎為眾多要求打下基礎

6. An ardent participant in an array of initiatives - 熱心參與各種倡議

7. Fostered my proficiency in policy formulation - 培養了我制定政策的能力

8. An all-encompassing mental well-being program - 全面的心理健康計劃

9. Vouchsafed with the coordination of inter-functional phalanxes - 被委任協調不同部門的工作

10. Contrived to appreciably swell our market quota and brand apperception - 成功地增加了市場佔有率和品牌認知。

Chapter 02

為何投考

2.1 為何投考 - 面試要求

為何要技考這份職位？這個問題非常簡單，但又能直接看到應徵者是否有備以來，以下先會給50個一般坊間面試書給予的答案：

1. 穩定的工作和收入

2. 具有社會責任感

3. 提供各種福利和保障

4. 提供良好的職業發展和晉升機會

5. 可以參與重要的決策和政策制定

6. 可以為社會做出貢獻

7. 提供多元化的工作領域和職務

8. 可以學習到豐富的專業知識和技能

9. 可以獲得國家的承認和肯定

10. 優渥的退休福利和經濟待遇

11. 可以參加各種培訓和進修課程

12. 可以與優秀的同事一起工作和學習

13. 可以鍛煉自己的溝通和協調能力

14. 有機會參與各種公益活動和社區服務

15. 可以對自己的工作充滿自豪感和成就感

16. 可以學習到有效的時間管理和工作方法

17. 可以體驗到團隊合作和協作的重要性

18. 可以接觸到各種不同的人和事情

19. 可以為自己的職業生涯打下穩固的基礎

20. 可以學習到有效的問題解決和決策能力

21. 可以提高自己的專業素養和能力水平

22. 可以參加各種國際性的會議和研討會

23. 可以與各行各業的人交流和學習

24. 可以學習到尊重和妥善處理不同意見和觀點的能力

25. 可以參與各種政策和法律的制定和實施

26. 可以學習到有效的領導和管理能力

27. 可以對自己的專業領域有更深入的認識和瞭解

28. 可以提高自己的口才和表達能力

29. 可以學習到有效的人際關係和溝通技巧

30. 可以參與各種重要的項目和計畫

31. 可以提高自己的分析和解決問題的能力

32. 可以學習到有效的資源管理和運用能力

33. 可以參與各種專業性的研究和開發工作

34. 可以為公眾提供專業的服務和支援

35. 可以參與各種重要的會議和諮詢

36. 可以與各種政府和民間組織合作

37. 可以學習到有效的計畫和項目管理能力

38. 可以提高自己的創新和創造能力

39. 可以參與各種重要的決策和策略制定

40. 可以為社會和公眾提供專業的建議和意見

41. 可以學習到有效的風險管理和控制能力

42. 可以參與各種國際性的合作和交流

43. 可以提高自己的專業和個人形象

44. 可以學習到有效的項目評估和監察能力

45. 可以參與各種緊急情況和危機處理

46. 可以為國家和社會做出貢獻和影響

47. 可以學習到有效的資訊和數據管理能力

48. 可以參與各種重要的國家和地區性的計畫和發展

49. 可以提高自己的跨文化和國際化能力

50. 可以為未來的職業發展和學習打下穩固的基礎。

考慮到上述原因,雖然在考取助理文書主任方面是合理的答案,但若是申請政府專業職系則顯得不太恰當。對於每個不同的職系,有針對性地陳述您投考政府工作的理由,才能讓考官了解您已做足充分的準備。

2.2 助理文書主任

考慮投考助理文書主任職位,因為每個人背景不同,以下從不同人背景解釋為何應進行此舉:

從事私人公司文職的人為何會投考政府的助理文書主任職位:

■ **穩定性與安全性**:政府職位通常提供較為穩定的工作環境和薪資,相較於私人公司可能的變動性。

- **福利待遇**：政府職位可能提供更好的福利，包括醫療保險、退休金等。
- **工作平衡**：政府職位可能有較好的工作與生活平衡，相較於一些私人公司的高壓工作環境。
- **公共服務機會**：一些人可能尋求為社會做出更大的貢獻，而政府職位通常與公共服務相關。
- **專業成長**：進入政府機構可能提供不同的專業成長機會，如學習新的法規、政策等。
- **長遠發展**：政府職位可能提供較多的長遠發展機會，例如升遷、轉調不同部門等。
- **社會地位**：在一些地區，擁有政府職位可能被視為社會地位的象徵。
- **興趣與價值觀**：有些人可能對政府運作和政策制定感興趣，因此選擇投考相關職位。
- **學習與挑戰**：政府職位可能涉及多樣的任務，可以提供學習和挑戰的機會。
- **轉換環境**：有時候，人們可能希望轉換工作環境，從私人公司轉向政府部門以獲得新的體驗和觀點。

大學畢業生在面試時表達你對於投入低階政府助理文書主任職位的動機時，可以參考以下方式：

- **就業機會優勢**：我對這個低階政府職位感到非常興趣，因為我相信這將是我進入公共服務領域的理想開始。
- **職涯起步**：我認為這個職位將為我提供一個出色的機會，開始我在政府部門的職業旅程，並累積寶貴的初階工作經驗。
- **學習機會**：我對於這個職位中的培訓和學習機會非常期待，我希望能更深入地瞭解政府運作、法規等相關領域。
- **穩定工作**：我對於政府職位的穩定性深感吸引，我期待在這個職位上為政府工作，同時獲得穩定的職業機會。
- **職業發展**：我相信低階職位是我建立未來政府職業生涯的完美起點，我渴望在這個職位中發展自己的專業技能。
- **社會影響力**：即使是一個低階職位，我也希望能夠在政府部門有所貢獻，影響社會的發展和進步。

- **培養工作習慣**：我相信這個職位將有助於我建立更強的職業紀律和習慣，並且我期待學習如何更好地適應工作要求。
- **符合現實期望**：考慮到就業市場的競爭，我覺得這個低階政府職位能夠給我提供一個穩固的職業機會，讓我能夠開始我的職業生涯。
- **經濟考量**：在確保自己經濟獨立的同時，我認為這個政府職位將讓我能夠在職場中發展，並實現自己的目標。
- **多元經驗**：我相信這個低階職位將為我提供豐富的經驗，幫助我更全面地了解不同領域，為未來的職業發展打下堅實基礎。

以下是兩個不同背景人士在面試中的答案。

戴大倫 - 剛從李小晨大學畢業

我想同你分享一下，為何我會選擇投考這個低級助理文書主任的職位。雖然這個職位可能相對較低階，但我有幾個深思熟慮的原因。

首先，我視這份工作為一個寶貴的機會，能夠踏出職業生涯的第一步。進入政府部門，即使是低級職位，也能夠幫助我建立起職業生涯的基礎，累積實際工作經驗，並學習如何在專業環境中運作。

其次，這份工作提供了學習和成長的機會。即使是低級職位，我相信在政府的工作環境中，我可以學到很多關於政府運作、法規條款等方面的知識。我對於不斷學習和提升自己的專業能力有很大的興趣，這個職位正好為我提供了這樣的機會。

此外，我希望通過這份工作能夠為社會做出一點微小的貢獻。即使在低級職位，我相信我也可以協助政府部門順利運作，從而為市民提供更好的服務。這種參與公共事務的感覺對我來說非常有意義。

最後，這個低級職位也可以幫助我建立更強的職業基礎。我明白職業生涯不是一蹴而就的，而是需要累積各種經驗和技能。這個職位可以讓我逐步建立起自己的專業和人際網絡，為將來的發展打下堅實的基礎。

總而言之，我之所以選擇投考這個低級助理文書主任的職位，是因為我相信這是一個有助於我個人和職業成長的機會，同時能夠為社會做出一些貢獻。這也是我在這個階段所追求的目標和價值。

文太太 - 現從事私人公司文職，投考政府的助理文書主任

我想同你分享我點解會揀投考助理文書主任嘅職位。首先，我睇重呢份工作嘅穩定性同埋發展機會。政府職位通常有較穩定嘅工作環境，令我可以專注於履行職務，而唔需要擔心行業波動。助理文書主任係一個可以幫助我建立職業生涯嘅起步點，我可以透過呢份工作累積經驗同埋學習政府運作嘅基本知識。

另外，我都好欣賞政府部門提供嘅培訓同發展機會。政府通常會為員工提供不同嘅培訓計劃，令我可以進一步提升專業技能同知識。呢啲培訓對我未來嘅職業發展有很大嘅幫助，令我可以在政府部門內有更多嘅成長。

最重要嘅係，我相信我可以透過呢份工作對社會有所貢獻。助理文書主任嘅工作涉及處理文件、協助行政工作等，喺政府部門內我可以幫助確保工作運作順暢同高效，從而對市民提供更好嘅服務。呢種影響力係我想喺職業生涯中實現嘅目標之一。

總括而言，我揀擇投考助理文書主任嘅職位係因為呢個職位提供咗一個穩定同有機會發展嘅平台，令我可以在公共服務領域發揮所長，同時實現個人職業目標。

以下是考官對每個答案的評分和分析：

戴大倫 - 剛從李小晨大學畢業

評分：7/10

- ■ **職業生涯起步**：他認識到低級助理文書主任職位是建立職業生涯基礎的良好起點，這展現了他對於專業發展的重視。
- ■ **學習和成長機會**：他看到這個職位為他提供了學習政府運作、法規條款等方面知識的機會，這顯示他對於不斷提升自己的專業能力有興趣。
- ■ **社會貢獻**：他希望能夠在低級職位中對社會有微小貢獻，這種公共參與的意識是正面的，但他可能需要更具體的例子來支持這一點。
- ■ **職業基礎建立**：他明白積累經驗和建立人際網絡對於長期職業發展的重要性，這顯示他有計劃性地考慮了長遠的目標。
- ■ **整體評價**：戴大倫的觀點表明他對於這個職位的價值和機會有清晰的理解，並且能夠將個人目標和社會貢獻與之結合。

文太太 - 現從事私人公司文職，投考政府的助理文書主任

評分：8/10

- **穩定性與發展機會**：她強調政府職位的穩定性，並且看到助理文書主任作為職業生涯起點的價值。
- **培訓與發展**：她對政府部門提供的培訓和發展機會感到興奮，這表現了她對於進一步提升專業技能的渴望。
- **社會貢獻**：她認為在政府部門內能夠協助工作運作順暢，從而為市民提供更好的服務，這表現了她對於影響社會的渴望。
- **整體評價**：文太太的觀點凸顯了她對於政府職位的優勢和自己的發展方向有清晰的認識，同時強調了對穩定性、發展機會和社會影響的價值。

考官貼士：

一般考生都只能點出政府工較穩定等，未有闡釋，希望上述講稿能幫助各位。

面對為何投考助理文書主任這場問題，考生只要表達了他們對於投考助理文書主任職位的合理原因，並且都強調了職業發展、學習機會以及對社會貢獻的重要性。這種答案評價都會比較正面，展現出他們的理性思考和對未來的規劃。

當然，如果是投考專業職系例如二級行政主任或政務主任的話，上述答案均為下下品，不是下品，是下品中的下品，稱為下下品。

2.3 二級助理勞工事務主任

當你解釋為何要投考二級助理勞工事務主任職位時，若你的答案只是因為政府工作較穩定，那麼這樣的回答被認為是下下品的。而如果你的回答是希望保障勞工權益，同樣地，請你考慮購買這本書，因為這樣的答案也被視為下品，根本無法達到合格水平。

至於中下品（不是中品）質素，包括以下答案：

■ 強調你對勞工議題的關心，並且提及你想要在這個職位上為勞工們爭取更好的工作條件和福利。你可以談及你過去相關的經驗、教育背景，以及你如何計劃運用這些知識和技能來實際推動勞工事務的改善。

■ 探討你對於促進勞工與雇主之間良好關係的願景，以及你如何透過協商、溝通等方法來達成這些目標。此外，你也可以提及你對於勞工法律法規的瞭解，以及如何確保企業遵守這些法律，保障勞工的權益。

要達到中品水平，首先需要展示你對於勞工議題的高度關心和深入理解。這包括了你對勞工環境、權益保障等方面的專業知識，以及對於解決相關問題的能力和承諾。其次，你的回答應該具體而有說服力。透過舉例或者具體情境，清楚地展示你如何應對過往的勞工議題，或者你如何計劃改善勞工環境。這些實際案例可以突顯你的實際行動和成果，增加回答的可信度和說服力。同時，你的回答也應該強調你的能力和願景。你可以描述你在相關領域中的專業技能和經驗，以及如何運用這些能力來推動勞工環境的改善。此外，分享你對未來的願景和目標，展示你對於長遠影響的思考和承諾。

以下是兩個不同背景人士在面試中的答案。

Interviewee 1: Literature Graduate with No Work Experience

As a recent Literature graduate, you might wonder why I am drawn to the position at hand despite my lack of work experience in this field. Allow me to explain my reasons clearly.

During my time as a Literature student, I developed a strong knack for in-depth research, critical analysis, and effective communication. These skills, while cultivated in the context of literary texts, have broad applications. I believe they can contribute significantly to the role you are offering.

For instance, my experience delving into complex texts, dissecting nuanced meanings, and articulating my interpretations has honed my ability to tackle intricate challenges and present ideas cogently. Although I have not yet applied these skills in a professional setting, I am confident in their transferability.

Moreover, my academic journey has instilled in me a strong sense of discipline, organization, and time management. Balancing various literary works, assignments, and research projects has been demanding. However, this experience has prepared me to handle multiple tasks efficiently and meet deadlines effectively.

Interviewee 2: Assistant Manager at an Accounting Firm

The opportunity presented by the aforementioned role aligns perfectly with my aspirations and values. Allow me to elucidate my reasons, drawing from the rationale previously discussed.

Firstly, the matter of labor issues resonates deeply with me. As someone immersed in the financial realm, I have had the privilege to witness the intricate dance between numbers and people. Labor concerns touch every facet of an organization, from equitable compensation to compliance with labor regulations. My professional journey has not only acquainted me with these complexities but has instilled in me a genuine concern for the welfare of workers. This role beckons as a platform to amplify this concern into action.

My expertise in the field further fuels my enthusiasm. Navigating the financial intricacies entwined with labor is no simple feat. However, through my role, I have maneuvered through payroll intricacies, ensured fair compensation, and orchestrated compliance with labor laws. These experiences have refined my skill set and deepened my understanding of labor dynamics. This role represents an arena where I can apply these learnings in a comprehensive and impactful manner.

Allow me to emphasize that my interest extends beyond lip service. In my tenure, I have initiated seminars, workshops, and training sessions to educate my peers on labor rights and workplace safety. By sharing my knowledge and insights, I have sought to not only raise awareness but to empower my colleagues. This role extends an opportunity to amplify this commitment, fostering a culture of empowerment and responsibility.

However, let me assure you, my ambitions don't halt at the present. My capabilities encompass financial analysis, compliance, and effective communication. Armed with these skills, I envision bridging the gap between financial prudence and labor welfare. I dream of a workplace where financial sustainability coexists harmoniously with fair wages and ethical labor practices. This role stands as a platform to realize this vision, to contribute tangibly to a better labor environment for all.

以下是考官對每個答案的評分和分析：

Interviewee 1: Literature Graduate with No Work Experience

評分：3/10（不合格）

面試者有能力清楚地解釋自己作為一名文學系畢業生為什麼對這個職位感興趣，但在如何將他們的技能應用於勞工主任的職務方面表現不足。他們提到的深入研究、批判性分析和有效溝通等能力，雖然在文學文本的背景下培養，但在實際應用方面的連接性不夠明確。同時，他們對於將這些技能轉化為實際勞工議題中的解決方案或溝通的能力缺乏具體的案例說明。

Interviewee 2: Assistant Manager at an Accounting Firm

面試者在舉辦勞工權益和職場安全研討會等主動舉措方面表現出對勞工福祉的承諾，這是他們具體影響勞工議題的方式。他們提到的橋接財務謹慎和倫理勞工實踐之間的願景，顯示出他們對職位的綜合性看法。然而，他們在過渡從私人市場會計界到政府勞工權益保障職位時可能面臨的具體挑戰，或者他們預期需要做出的調整，仍未充分闡述。

考官貼士：

持有任何香港大學頒授的學士學位即可報考二級助理勞工事務主任職位。然而，該要求雖然簡單，但若要對其進行充分解釋，可能並不容易。有些人可能會像第一位修讀英國文學的求職者那樣，隨意誇大自己的能力，但這樣的做法實際上可能反映出他們對文學領域的深度理解並不足夠。讓我們來看一下可能的處理方式：

■ 作為文學系畢業生,我習慣從文學中探尋人性和社會議題。這使我對人與人之間的關係、工作環境中的動態以及勞工的權益問題有著濃厚的興趣。勞工主任的職位不只是處理瑣碎事務,更是一個能夠直接影響人們生活的重要角色,因此我認為自己能從中發揮影響力。

■ 對於文學文本中培養出的批判性思考能力,我相信這能力能夠讓我更有效地分析和理解勞工議題,找出其深層的原因。而有效的溝通能力則可協助我在與不同的工作團隊、勞工代表或其他相關人員中進行協商或溝通。

■ 在此,我想分享一個例子。在大學期間,我參與了一個研究計畫,研究當代工人文學中工人的心理狀態和期望。這項研究讓我深入了解工人的真實需求和心聲。假如我能夠成為勞工主任,我會運用這些了解去更有同理心地處理勞工的問題,並且結合我在文學中培養的批判性思考能力,設計更人性化、更有針對性的解決方案。

至於另一名面試者未能闡述在過渡從私人市場會計界到政府勞工權益保障職位時可能面臨的具體挑戰,讓我們來看一下可能的處理方式:

■ 在過去的幾年中,我在私人市場的會計界中獲得了寶貴的經驗,我學會了如何處理複雜的財務數據和進行準確的分析。然而,我逐漸開始關注到,雖然財務穩定對於個人和企業很重要,但同樣重要的是確保勞工的權益得到保障,讓每個人都能夠在公平和尊重的環境中工作。

■ 這種關注讓我開始考慮轉向政府勞工權益保障的職位。我認為,這個領域提供了一個機會,讓我能夠運用我的會計專業知識和技能,為勞工的權益發聲,確保他們在工作場所中受到公平對待並獲得合理的福利。這對我來說不僅是一個職業選擇,更是一種貢獻社會的方式,我認為每個人都應該有權享受這些基本的權益。

■ 我希望轉向政府勞工權益保障的職位,是出於對社會責任的認識和對於個人成長的渴望。我相信我的會計背景將能夠為這個領域帶來價值,同時我也希望能夠在這個過程中不斷學習和成長。

2.4 二級助理貿易主任

如果你之前已閱讀前面章節，你應該明白選擇報考二級貿易主任的原因。然而，這些所提供的答案似乎相當不足夠。例如，提到政府工作穩定或希望為香港的貿易出一分力，這樣的回答可說是毫無說服力。它們不僅不適合扔進垃圾筒，甚至連送到堆田區的垃圾堆都不夠適合。我們需要更有說服力的理由，才能將這些答案納入我們的考慮範疇。

十個投考二級貿易主任的原因：（不合格）

- **專業成長**：我希望透過投考二級貿易主任，能夠在貿易領域進一步發展我的專業知識和技能。這個職位將為我提供寶貴的學習機會，使我能夠更深入地了解貿易相關的法規、政策和實務。

- **洞察市場**：我對市場趨勢和競爭環境一直保持濃厚興趣。這個職位將讓我能夠更深入地分析市場情況，培養我的商業洞察力，從而做出更明智的商業決策。

- **擴展人脈**：我認識到在職業生涯中建立良好的人際網絡的重要性。作為貿易主任，我將有機會與來自不同地區和行業的專業人士互動，這將有助於我擴展人脈，尋找合作機會。

- **全球視野**：我一直對國際事務感興趣，並希望能夠培養更廣泛的國際視野。貿易主任的角色將使我能夠深入了解不同國家和地區的貿易環境，進一步拓展我的全球視野。

- **解決問題技能**：我一直以來都喜歡面對挑戰並找到解決問題的方法。在貿易過程中，出現各種問題是常有的事情，我相信這個職位將鍛煉我在壓力下迅速解決問題的能力。

- **多元技能發展**：我相信掌握多方面的技能對於個人成長至關重要。作為貿易主任，我將需要處理進出口文件、關務程序等多元任務，這將有助於我在多個領域發展技能。

- **協調能力提升**：我深知在現代職場中，良好的協調能力是必不可少的。貿易主任需要在內部和外部協調，這將是一個提升我的溝通和協調技能的寶貴機會。

- **為香港貢獻**：作為一名香港居民，我希望能夠為本地經濟做出實際貢獻。投考二級貿易主任，我將有機會促進香港的貿易發展，為城市的繁榮出一分力。

■ **培養領導力**：我一直都希望能夠在職業生涯中培養領導力。貿易主任的職位將讓我處於貿易活動的前沿，並有機會展示我的領導潛力。

■ **實現個人目標**：最重要的是，投考這個職位將使我更接近實現自己的職業目標。我對貿易的興趣和渴望將推動我在這個領域取得卓越成就，成為一名優秀的二級貿易主任。

上述答案不僅不適合扔進垃圾筒，甚至連送到堆田區的垃圾堆都不夠適合。從上述十點中可以看出，投考二級貿易主任不只是為了一份工作，而是為了個人和專業的成長，為了能夠為社會和經濟做出貢獻。這是一個需要廣泛知識、豐富經驗和強烈熱情的職位。所以，當你考慮投考二級貿易主任時，應該深入思考自己的目標和興趣，確定這個職位是否真的適合你，而不是只看待遇和工作穩定性。同時，準備面試時也應該真實地展示自己的熱情和承諾，而不是給出一些表面和通用的答案。

以下是兩個不同背景人士在面試中的答案。

Sarah Lee: Recent BBA Graduate with No Work Experience

As a recent BBA graduate venturing into the professional world, I recognize the weight of choosing a path that resonates with my ambitions and values. My consideration of the Trade Officer position goes beyond conventional employment considerations, as I view it as an avenue for continuous learning, skill development, and the pursuit of a passion that can impact global dynamics.

I am committed to approaching this opportunity with a holistic perspective. My intent is not to merely secure a position, but to actively contribute to the intricate web of international trade and foster relationships that underpin our interconnected world. My academic background in Business Administration equips me with a foundation that I am eager to apply within a practical framework.

While my professional history may lack notable experiences, my enthusiasm is unwavering. Throughout my academic journey, I have cultivated a thirst for knowledge, adaptability in the face of challenges, and a resolute pursuit of excellence. The Trade Officer role captivates me because it necessitates an ongoing quest for understanding, adapting to ever-evolving scenarios, and playing an active role in shaping international commerce.

Kai Joe: Marketing Trainee with Three Years of Experience at a Large Corporation

While my time there was instrumental in honing my skills, I find myself drawn to the role of a Level 2 Trade Officer for reasons beyond just a job title or paycheck.

■ Personal and Professional Growth: At Man Dor Dor Company, I was part of a campaign that broke into the European market. I witnessed firsthand the nuances and intricacies of international trade. This ignited a passion within me to not only understand global markets but also to play a pivotal role in shaping trade relations. The role of a Level 2 Trade Officer presents the perfect avenue for this ambition.

■ Contributing to Society and Economy: One of my most memorable projects was spearheading an eco-friendly product line. This wasn't just about profits; it was about making a positive impact. I believe that as a Trade Officer, my actions will directly influence our nation's economic health and its global reputation. It's a responsibility I'm eager to take on.

■ A Quest for a Broader Knowledge Spectrum: In my current role, I've been limited to the marketing perspective. However, I've always been curious about the broader spectrum – the macroeconomics, the trade policies, and the socio-political implications. I've independently attended seminars and workshops like the World Economic Forum to broaden this horizon. The position of a Trade Officer aligns seamlessly with this hunger for knowledge.

■ Passion Beyond the Surface: I understand that this role demands more than just surface-level enthusiasm. I recall a project where we faced significant supply chain disruptions due to international trade disputes. While it was not directly within my purview, I took the initiative to collaborate with our global partners, fostering dialogues to navigate this challenge. It wasn't my job, but it was my passion that led me there.

以下是考官對每個自我介紹的評分和分析：

Sarah Lee: Recent BBA Graduate with No Work Experience

評分 6/10

Sarah的回答表現出對於學習和貢獻國際貿易的興趣，但在面對沒有工作經驗的情況下，她的回答顯得有些理論性和抽象。儘管她提到了商業管理學術背景，但缺乏實際案例來證明她如何應用這些知識和技能。她的熱情和渴望學習是優點，但她需要更多具體的例子，以證明她在實際工作中能夠適應挑戰和取得卓越的成果。

Kai Joe: Marketing Trainee with Three Years of Experience at a Large Corporation

評分 10/10

Kai Joe的回答令人印象深刻，他通過具體的案例展示了自己在市場營銷領域的經驗，並將這些經驗與貿易官員職位相關聯。他清楚地表達了對個人成長、對社會和經濟的貢獻，以及對更廣泛知識領域的渴望。他的熱情和積極主動的態度在他處理供應鏈中斷時得到了體現，這顯示了他的實際貢獻和動力。

考官貼士：

當面對缺乏工作經驗的情況，Sarah可以通過以下實際案例來強化她的回答，展示她如何應用學術知識和技能於國際貿易領域：

- **實習經驗**：雖然沒有正式工作經驗，我曾在一家國際貿易公司進行為期三個月的實習。在那裡，我參與了海外客戶的跟進，處理了海關文件並協助整理國際運輸安排。這讓我更深入地了解到貨物流通的過程。

- **學術項目轉化**：在我的商業管理學術項目中，我進行了一項關於跨國貿易的研究。我不僅分析了市場趨勢，還考慮了國際政策和法規對貿易的影響，並提出了針對公司擴展國際業務的建議。

- **模擬商業競賽**：我參加了一個模擬國際貿易競賽，在其中我扮演了一名國際貿易經理，需要處理實際的貿易挑戰，包括價格談判、合同簽訂等。這增強了我的實際操作能力。

- **自主學習和專案**：在沒有工作經驗的情況下，我主動進行了一些個人專案，例如研究了不同國家的貿易協議，分析了其對行業的影響，並整理了報告。
- **跨文化交流經驗**：在大學期間，我參加了國際學生交流計劃，與來自不同國家的同學合作完成了跨國團隊項目。這讓我學會了適應不同文化和溝通風格。
- **網上課程學習**：我參加了一些網上課程，譬如國際貿易實務和海關程序，這些課程通過實際案例和情境模擬來幫助我理解實際操作。
- **志願工作**：我曾參與志願工作，協助當地非營利組織處理國際捐助物資的分發和相關文件工作，這加強了我的組織和協調能力。
- **研究與報告**：我曾經在學術課程中進行過市場研究，分析了某些產品的國際銷售趨勢和競爭狀況，這讓我能夠應用數據分析來支持我的觀點。
- **社團活動**：在大學時，我加入了國際貿易研究社團，參與了模擬談判和國際經濟討論，這鍛煉了我表達意見和談判的能力。
- **實用技能**：雖然沒有工作經驗，但我精通多國語言，包括英語、西班牙語和法語，這將有助於我在國際貿易中進行跨文化溝通和交流。

這些案例將有助於Sarah展現她在沒有工作經驗的情況下如何應用學術知識和技能於實際的國際貿易情境中。當你閱讀至此，或許會同意前文提到的十個投考二級貿易主任的原因，不僅不適合只將其拋棄如垃圾筒般，甚至連送到堆填區的垃圾堆都難以適當。

2.5 二級管理參議主任

近年來，關於二級管理參議主任職位的招聘次數是否很少的說法受到了一些爭議。事實上，這種觀點並不準確。在過去的幾年中，包括2021年和最近的2023年，都有針對二級管理參議主任職位進行過招聘。然而，最近在與同學交流時，提及為何選擇投考二級管理參議主任職位時，經常會遇到一些不太充分的回答，被戲稱為「垃圾答案」。

- 作為二級管理參議主任，我將能夠參與組織的重要決策，為組織的發展方向提供建議，並為組織的成長做出實際貢獻。
- 這個職位不僅關乎組織的發展，還涉及到對社會的影響。

■ 我希望能夠透過我的工作，為社會做出積極的貢獻。

■ 我期待能夠與多樣背景和技能的團隊成員合作，這將讓我學習更多，也能夠在協作中實現更大的成就。

■ 我相信這個職位將帶來各種挑戰，但我認為這正是我成長的機會，我願意迎接這些挑戰並找到解決方案。

原來，一些教育機構的導師在指導面試準備時，有時會給出一些混亂的建議。令人驚訝的是，他們竟然建議面試者在投考時要聚焦於「管理」和「參議」這兩個關鍵詞，我們可以通過檢查他們的講義，大致了解他們是如何指導面試者作出回應的：

■ **深厚的興趣：**我一直對管理和組織運作充滿著濃厚的興趣。我相信，透過有效的管理，一個組織能夠更好地實現其目標並提高整體效率。

■ **領導能力的發揮：**我有著卓越的領導能力，並且喜歡在團隊中扮演關鍵的角色。作為參議主任，我能夠引導團隊成員，共同追求優秀的表現。

■ **解決複雜問題的能力：**我擅長分析複雜的問題，尋找出實用且有效的解決方案。在管理和參謀的職位上，這種能力將對確保項目的成功非常有幫助。

■ **組織才能：**我在組織和協調不同部門和資源方面有著豐富的經驗。我相信，這將使我能夠確保工作順利進行並按時完成。

■ **影響組織的方向：**作為參議主任，我將有機會參與制定組織的方向和政策。我渴望能夠為組織的發展和改變做出實質性的貢獻。

■ **堅強的責任感：**我深知成功與失敗都需要承擔責任。我願意全力以赴，確保團隊或組織取得成功，同時也願意從失敗中吸取教訓並不斷改進。

管理參議主任不僅僅是在進行管理和參議活動。雖然名稱中包含「管理」和「參議」這兩個詞彙，但實際上這個職位的主要職責超越了傳統的管理和參議角色，並更加強調在組織中協助進行管理顧問研究、推動改革、創新和科技採納，以提升服務質量。

■ **管理顧問研究：**管理參議主任的主要職責之一是進行管理顧問研究。這意味著該職位的人員將參與對組織內部的不同決策局或部門進行分析，以評估他們的運作方式，發現潛在的問題或改進機會。

- **促成及實施改革**：管理參議主任的角色是推動改革，使組織能夠更好地應對現有的挑戰，並應對變化中的環境。這可能涉及重新設計業務流程、優化部門管理，甚至進行組織架構的調整。

- **加快創新及採納科技步伐**：該職位的人員被要求推動創新，並幫助組織更快地採納新的科技進步。這可以通過引入新技術、數字化轉型和更有效的流程來實現。

- **推動跨界別協作**：為了提供更優質的服務，管理參議主任可能需要促進不同部門之間的合作和協調。這有助於確保信息流通，並在整個組織中創建更緊密的合作網絡。

因此，那些主張將「管理」和「參議」兩個詞語分開的人，肯定是毫無根據的。他們根本不了解管理參議主任的角色和工作。如果他們參加面試，肯定無法通過。

以下是兩個不同背景人士在面試中的答案。

Ingram Yang - Engineering Graduate without Work Experience

First and foremost, the position's core responsibilities align seamlessly with my analytical mindset and problem-solving skills cultivated through my engineering education. As someone who has tackled complex technical challenges in my academic pursuits, I see the role's emphasis on assisting decision-making bodies and departments through management consultancy research as a natural extension of my abilities. For instance, just as I approached intricate engineering problems systematically, I believe I can analyze organizational issues and propose effective solutions, whether it involves business process reengineering, departmental management reviews, or service performance enhancements.

Moreover, the role's focus on driving reforms and fostering innovation strongly appeals to my desire to contribute to meaningful change. In my engineering projects, I often had to find innovative ways to overcome obstacles and enhance efficiency. I'm eager to channel this innovative spirit towards the public sector, where I can collaborate with diverse teams to introduce fresh perspectives and help the organization stay at the forefront of technological advancements.

The concept of cross-sector collaboration, another key responsibility, is particularly exciting to me. During my engineering studies, I engaged in interdisciplinary projects that required effective teamwork and communication between different fields. This experience has instilled in me the value of collaboration and has prepared me to engage with professionals from various backgrounds, ensuring a holistic approach to problem-solving.

In essence, although my work experience may be limited, my background equips me with the skills and mindset needed for the Management Services Officer role. Just as I approached engineering challenges with determination, I'm committed to dedicating myself to understanding the intricacies of management consultancy research and contributing to the organization's mission of providing top-notch services through innovative strategies.

Bowie Poon - Administrative Professional with 5 Years of Experience

Throughout my 5-year career in administrative roles, I have honed my skills in managing complex processes, facilitating communication, and driving operational efficiency. These attributes perfectly dovetail with the core duties of an Management Services Officer. For instance, my experience in supporting high-level executives has equipped me with the ability to gather, synthesize, and present data effectively. This skill is directly transferable to the role's requirement of assisting decision-making bodies and departments through management consultancy research.

In the realm of driving reforms, my track record showcases my proactive approach to process improvement. In my current and past positions, I have successfully revamped administrative procedures, implemented technological solutions to enhance productivity, and fostered a culture of continuous improvement. By taking on the Management Services Officer role, I envision extending this impact to the organizational level, actively participating in reform initiatives that propel the institution forward.

Cross-sector collaboration is another strength I bring to the table. Having engaged in multidisciplinary projects and collaborated with various departments, external partners, and vendors, I appreciate the power of synergistic teamwork. This experience will be instrumental in fulfilling the role's emphasis on fostering collaboration to provide superior services. For instance, I have consistently facilitated communication between departments, ensuring seamless coordination and achieving shared objectives.

In essence, my administrative background has endowed me with a well-rounded skill set that harmonizes with the Management Services Officers requirements. Just as I've demonstrated the ability to enhance operational processes, implement innovative solutions, and promote collaboration within my roles, I am excited to translate these achievements to a higher level in this impactful position.

考官評語：

Ingram Yang - Engineering Graduate without Work Experience

評分： 8/10

Ingram Yang 充分展示了他在工程教育中所培養的分析思維和解決問題的能力。他對於該職位的核心職責有深入的理解，並清楚地表達了他如何將自己的學術成就應用於協助決策和提供創新解決方案。他對於跨部門合作的熱情也讓人留下深刻印象。儘管缺乏實際工作經驗，但他在學術領域的經歷和心態使他成為理想的管理服務官候選人。我們期待看到他如何將他的能力和熱情轉化為組織的創新和成功，特別是那一句「I'm eager to channel this innovative spirit towards the public sector」。

Bowie Poon - Administrative Professional with 5 Years of Experience

評分： 7/10

雖然她提到了她在管理複雜流程、溝通和推動效率方面的能力，但她似乎缺乏更具體的例子來支持她的主張。她的能力和經驗與管理服務官的職責之間的連接似乎不夠清晰。同時，雖然她提到了跨部門合作的能力，但她並未提供相關的實際經驗或案例來支持這一點。在整體表達和連接方面，她需要更多的具體細節來證明她對於該職位的適合性，不能只寫一句「I envision extending this impact to the organizational level, actively participating in reform initiatives that propel the institution forward」

考官貼士：

當考生在網上搜尋答案時，他們通常會尋找有關管理和參謀職位的相關資訊。為了在解釋為何要投考中時表現出對該職位角色和工作的清晰理解，以下是考官建議的四個重點：

- **職位相關技能的關聯性**：強調他們的技能和經驗與職位所需的技能相關。無論是Ingram Yang還是Bowie Poon，他們都提到他們的技能和背景與該職位的職責相契合，並且可以將他們的技能轉化為該職位所需的能力。

- **決策支持和管理諮詢**：強調這個職位的一個核心職責是協助決策機構和部門進行管理諮詢研究。無論是Ingram Yang還是Bowie Poon，他們都提到他們有能力收集、分析和呈現數據，以協助決策。

- **推動改革和創新**：強調他們對推動改革和促進創新的渴望。無論是Ingram Yang還是Bowie Poon，他們都在自己的背景中提到他們如何在過去的工作中推動改革、引入創新，並將這種能力應用於該職位。

- **跨部門合作**：對跨部門合作的重視。無論是Ingram Yang還是Bowie Poon，他們都在自己的經驗中強調他們如何與不同領域的人合作，以實現綜合性的問題解決方法。

2.6 二級運輸主任

當被問到為什麼想投考二級運輸主任時，如果你的答案只是希望改善香港交通或者你是巴士迷，建議你再重新由頭再看此書。這些真的是適當的回應嗎？上述兩個答案都屬於下下品的範疇。而以下則包含了十個同樣屬於下品的答案。

- **公共服務使命**：運輸主任在香港政府內扮演著關鍵的角色，負責協助發展城市運輸策略，提高交通系統效率，為市民提供更好的交通服務。

- **影響城市發展**：優化運輸網絡能夠直接影響城市的可持續發展、空氣質量和市民生活質量，這使得運輸主任的工作具有重要的社會影響力。

- **挑戰與機會**：運輸領域不斷變化，涉及技術、環保和社會等多個層面的挑戰和機會，這將為投考者提供持續學習和成長的機會。

- **專業發展**：進入政府部門工作，可以獲得專業培訓和進修的機會，提升自己在運輸領域的專業素養和知識。

- **政策制定參與**：運輸主任參與制定政策和規劃，有機會參與決策過程，對城市的未來發展有實質性影響。
- **跨部門合作**：在工作中，運輸主任需要與其他政府部門、非政府組織和私營機構合作，這將有助於擴展人際網絡和合作能力。
- **解決實際問題**：運輸主任可以參與解決城市的實際交通問題，如塞車、交通壓力等，實際影響市民的生活。
- **多元工作內容**：運輸主任的工作涵蓋了規劃、監測、評估等多個範疇，使得工作內容多樣，不會單調。
- **影響政策方向**：透過參與運輸領域的規劃和政策制定，可以對城市未來的發展方向有所影響，實現自己的價值觀。
- **社會貢獻感**：在政府部門工作，可以實現為社會做出積極貢獻的心願，並為香港市民提供更好的生活品質和交通體驗。

至於中品答案則包括：

投考運輸主任不僅是因為對交通的熱愛或是單一的目的，更是因為該職位具有廣泛的影響力、專業挑戰以及實現自我價值的機會。

- 持續學習對我而言非常重要。運輸領域一直處於不斷變革和發展之中，特別是在科技和環保方面。我希望能夠投身於運輸主任的職位，因為這將使我能夠與時俱進，不斷學習最新的交通科技和管理策略，實現持續進步。
- 我深知團隊合作的價值。作為一名運輸主任，我將需要與不同部門和單位緊密協作。這將不僅提升我的團隊協作能力，還將讓我體驗到跨部門、跨領域合作的樂趣和挑戰。
- 在資源分配方面，我將扮演關鍵角色。從規劃、建設到日常維護，我了解如何高效運用有限的資源，以確保市民獲得最大的受益。這對我來說是一項重要的職責。
- 在制定運輸策略時，我將展現前瞻性思考和策略分析能力。這將考驗我的專業知識，同時挑戰我對整體交通體系的洞察力。
- 全球化趨勢下，香港作為國際都會的地位越來越重要。作為運輸主任，我將擁有國際視野，深入了解國際最佳實踐，並將其引入香港，以提升整體交通系統的效率和質量。我期望能夠在這個角色中發揮自己的所長，為城市的運輸發展做出貢獻。

以下是兩個不同背景人士在面試中的答案。

Dorman - Recent Geography Graduate for Government Position:

As a recent geography graduate, I've always been fascinated by the intricate connections that make up our geographical landscapes and how they shape the movement of people and goods. This role perfectly aligns with my academic background and personal interests.

My studies have provided me with a deep understanding of urban planning, infrastructure development, and transportation systems. I believe that a well-functioning transportation network is the backbone of any thriving community, and I'm eager to contribute my knowledge to ensure efficient and sustainable transportation solutions.

One of the aspects that truly excites me about the Government Transport Officer role is the chance to have a direct impact on the lives of citizens. I've always been a proactive problem solver, and I'm eager to work collaboratively with different stakeholders to address transportation challenges, reduce congestion, and promote environmentally friendly options. My ability to analyze data, coupled with my strong communication skills, will allow me to effectively convey complex information to both decision-makers and the public.

Furthermore, my attention to detail and knack for research will enable me to stay up-to-date with the latest advancements in transportation technology and best practices. I am also keen to engage with the community to gather valuable insights that can inform policy decisions and ensure that the transportation system truly meets the needs of the people it serves.

Priscilla - Urban Planning Professional with 5 Years of Experience for Government Position:

I appreciate the opportunity to discuss my interest in the Government Transport Officer position. With five years of experience in urban planning, I have gained a comprehensive understanding of the intricate relationship between transportation and the development of vibrant, livable communities. This role perfectly aligns with my expertise and my passion for creating impactful changes in urban mobility.

Throughout my career, I've had the privilege to work on various urban planning projects where transportation played a pivotal role. I've witnessed firsthand how efficient transportation systems can transform cities, enhancing accessibility, reducing congestion, and promoting sustainable modes of travel. My experience has shown me that government agencies play a vital role in shaping transportation policies that directly impact the lives of residents.

What truly excites me about the Government Transport Officer role is the opportunity to influence positive change on a larger scale. I'm well-versed in navigating the complexities of urban infrastructure and have a track record of collaborating with diverse stakeholders to develop comprehensive transportation strategies. With my experience, I'm confident in my ability to analyze data trends, identify pain points, and propose innovative solutions that align with the city's long-term goals.

Moreover, my background has equipped me with strong communication skills that are crucial for engaging with both internal teams and the public. I understand the importance of transparent communication when it comes to transportation projects, especially those that may involve changes in routes, modes of transportation, or infrastructure improvements. I'm eager to foster open dialogue with the community, addressing concerns and building consensus around transportation initiatives.

By joining the government as a Transport Officer, I see an opportunity to leverage my experience to contribute to the sustainable growth and development of the city. My dedication to creating well-connected, accessible, and environmentally friendly transportation systems perfectly aligns with the goals of this role. I'm excited about the chance to make a tangible difference in the daily lives of citizens by helping to shape the future of urban mobility."

考官評分：

Dorman - Recent Geography Graduate for Government Position:

評分：2/10（不合格）

Dorman 能展示了他對該職位的熱情，但缺乏具體的項目、經驗或成就，這些都與政府交通官職位直接相關。提供具體實例，說明他的學術背景和解決問題的能力如何在實際情況中應用，將使求職信更具說服力。

儘管 Dorman 提到了對城市規劃和交通系統的理解，但除了學業之外，他並未明確提及任何與這些領域相關的實際經驗。添加有關實習、相關課程或與交通規劃相關的項目的細節，可以加強他的資格。

再者，Dorman未明確說明　　的技能和背景如何與工作描述中的具體要求或職責相符。將他的經驗和技能與職位的需求相結合，將展示出強大的適配性。

Priscilla - Urban Planning Professional with 5 Years of Experience for Government Position

評分：3/10（不合格）

Priscilla在城市規劃方面有豐富的經驗，但未提及任何最近的成就或經驗。突出與交通相關並與職位職責相關的最近成就或項目；　雖然 Priscilla 討論了她的經驗和能力，但主要是對她的專業能力進行了泛泛而談的描述，沒有涉及具體的成就。添加可量化的結果或具體的情況，以證明她的技能產生了顯著影響，將增強她的可信度。

再者，Priscilla提到與不同的利益相關者合作，但求職信可以通過提供具體的例子，展示她如何成功地與各方合作，實現與交通有關的目標。此外，通過具體的示例強調她的溝通能力，可以增強她在這個職位上的適合性。

考官貼士：

在展示熱情和資格的同時，直接回應職位的要求和職責。添加具體的例子、可衡量的成就，並應對職位的需求。兩位面試者的答案全部與前文的下品答案一致，當然是不合格的。尤其是Priscilla那一句I'm eager to foster open dialogue with the community, addressing concerns and building consensus around transportation initiatives，簡直令人作嘔。

「中品」與「下品」的答案之間的主要差異在於深度和範疇。

下品答案著重於運輸主任的角色及其對香港的意義和影響，並提供一系列具體和廣泛的理由，從策略發展到日常工作內容等。 中品答案較為針對個人的想法和情感，主要關注投考者如何看待這個職位，以及為什麼他們認為自己適合擔任運輸主任。

下品答案提供了一個概述，描述了運輸主任的多種功能和其在香港的重要性。中品答案則較為深入，探討了投考者的內在驅使、個人技能和視角，以及他們如何運用這些來應對挑戰和滿足工作要求。

若答案主要描述一般公認的事實、角色和重要性，而缺乏個人化的觀點和深入的洞察，則可能屬於「下品」。 若答案著重於投考者的內在情感、獨特技能和視角，並解釋為何這些因素使他們適合擔任運輸主任，則可能屬於「中品」。總的來說，「下品」答案提供了運輸主任工作的廣泛描述，而「中品」答案則更具個性化，展現了投考者的深入思考和自我認識。

關於上品的寫法，請參考後續的行政主任和政務主任範例。

2.7 二級行政主任

在我任教於各大學時，我時常收到一些已經成功考取行政主任職位的學生告訴我，幸好老師向我解釋了這些申請投考的原因，因為之前在其他網站上花錢購買或者免費下載的筆記都是錯誤的。結果那些錯誤的答案導致他未能通過考試。這些錯誤的答案包括：

- **公共服務熱忱**：熱愛為社會做出貢獻，希望透過政府工作為市民提供更好的生活品質。
- **人力資源專業知識**：對人力資源管理有深刻的興趣和專業知識，願意參與人才培訓、招聘、晉升等工作。
- **財政管理能力**：對財政管理和資源分配有一定的瞭解，能有效管理公帑，確保資源妥善運用。

■ **行政能力**：擁有良好的組織和協調能力，能夠有效地規劃和管理行政事務。

■ **政策制定興趣**：對政策制定過程感興趣，希望參與協助收集資料、分析數據，為政策制定提供支持。

■ **社區服務經驗**：在社區或非政府組織中積累了豐富的服務經驗，希望能透過政府工作擴展服務範圍。

■ **多元任務處理能力**：能夠應對多項不同性質的任務，包括行政支援、財務管理、市民服務等。

■ **政府工作穩定性**：渴望穩定的職業發展，認為政府職位能夠提供長期的就業機會和福利。

■ **專業成長機會**：看重政府提供的培訓和專業發展機會，希望在政府機構中不斷學習和成長。

■ **影響政策的機會**：認為身為行政主任能夠參與政策制定和執行，對社會產生實質性的影響。

我教過的學生過千，綜合他的情況來看，如果他在解釋為何投考行政主任時涉及以下問題，必定會失敗：

■ **缺乏具體的例子**：提到了各種申請理由，但缺少具體的例子或情境，以證明這些理由是如何在個人的經歷中體現的。

■ **價值陳述**：列舉了一系列申請理由，但未能充分陳述這些理由對於申請者自身以及未來的職業發展有什麼價值和意義。

■ **缺少個人化**：申請理由似乎是普遍適用於申請行政主任職位的人，但未能在文本中體現申請者的獨特性和個人特點。

■ **未提及困難或挑戰**：未提及申請者可能在申請過程中遇到的困難、挑戰或成長機會。

■ **沒有結論**：結束時未能總結或歸納這些申請理由的重要性，或將它們與申請者的總體資格相關聯。

以下是兩個不同背景人士在面試中的答案。

Hina（英文系剛畢業）：

Allow me to elucidate my fervent desire to pursue the mantle of Executive Officer and expound upon the confluence of my distinct profile as a recent graduate in English and the multifaceted attributes requisite for success in said role.

My academic odyssey within the realm of English has crystallized into a refined command over linguistic communication, whether in the written or spoken modality. This dexterity augments my efficacy in conveying intricate notions cogently, whilst serving as a conduit for seamless interactions with a heterogenous spectrum of stakeholders – an imperative requisite for the Executive Officer, who is enmeshed in a panoply of interfacing with disparate departments and the citizenry.

My cognitive disposition tilts inherently toward the minutiae, thus manifesting an innate propensity for precision in all my undertakings. This predilection, honed assiduously within the crucible of academia, manifests as an invaluable asset in domains spanning resource allotment, fiscal oversight, and meticulous parsing of data – pillars that underpin the edifice of Executive Officer responsibilities.

The crucible of collaborative group dynamics, a staple within my scholastic voyage, has bestowed upon me an acumen for orchestration within a collective context. Such prowess, foundational for harmonizing operations across heterogeneous echelons, bespeaks of its indispensability within the administrative matrix. Collaborative crucibles, I attest, gestate not only innovation but also propagate sagacity in the art of disentangling labyrinthine conundrums – a skill intrinsic to the vocation of the Executive Officer.

Yet, beyond the precincts of these attributes lies an indelible penchant for inquiry and data curation, traits that synergize congruously with the exigencies of policy support – a sine qua non for any Executive Officer. I am wont to amass erudition from diverse sources, synthesize sagacious briefs, and interface astutely with stakeholders, conjoining to fuel the concretization of judicious policies that pivot responsively upon the socio-political spectrum.

The impulse propelling my gravitation toward the Executive Officer designation emanates from an ardent yearning to confer meaningful resonance upon the societal continuum. While my scholastic bedrock may seemingly deviate from the conventional path, I proffer a staunch conviction in the transmutable nature of my adeptness. My assimilative proclivity augurs proficient acquisition and swift immersion in contributing substantively to the team's collective ascendancy.

C Plus（外國工流回流）：

I am compelled to proffer a comprehensive elucidation of my fervent proclivity to secure the mantle of Executive Officer, predicated upon my sui generis background as a returning foreign professional colloquially referred to as "C Plus." This discourse aims to underscore the intricately woven tapestry of my attributes, which I posit intricately interlace with the quintessence of requisites emblematic of the Executive Officer purview.

Encompassing an expansive expedition across a mélange of international occupational realms, my voyage as a C Plus luminary encapsulates a vivid confluence of cross-cultural engagements and a robust compendium of competencies. This melange places me strategically poised to adroitly navigate the intricate labyrinth of Executive Officer responsibilities, epitomized by the imperative to seamlessly liaise with an eclectic spectrum of stakeholders and adroitly metamorphose in sync with the rhythmic cadence of ever-evolving operational paradigms.

The crucible of my international tenure has bequeathed unto me a mastery of the intricate art of intercultural communication – an indispensable attribute for Executive Officers tasked with adroitly navigating the labyrinthine corridors of diverse departments and the mosaic of the community at large. This prowess unequivocally postures me to distill and disseminate intricate ideas with eloquence, thus engendering harmonious discourses in an environment where multicultural sensitivities command precedence.

The convolution of my global odyssey has been pivotal in the incubation of my strategic acumen, thereby amplifying my capacity to judiciously marshal resources, adroitly steward fiscal domains, and meticulously navigate intricate matrices of data – all of which constitute the very bedrock of Executive Officer imperatives.

The crucible of collaborating with multifarious teams across disparate geographies, emblematic of my international sojourn, has chiseled my finesse in the orchestration of harmonious synergy within heterogeneous collectives. This proficiencies intrinsically align with the Executive Officer role, which pivots upon the fulcrum of seamless interdepartmental orchestration and the multifarious tapestry of responsibilities that unfurl therein. Collaborative cauldrons, as I have imbibed, not only incubate innovation but also hone my prowess in deciphering labyrinthine quandaries – an attribute quintessential for a triumphant Executive Officer.

Moreover, my sojourn abroad has instilled within me an innate proclivity for assiduous research and the sagacious curation of data, aligning seamlessly with the plinth of policy advocacy inherent to the Executive Officer dais. My dexterity in assimilating labyrinthine information, coalescing it into sagacious reports, and interfacing adroitly with stakeholders attests to my mettle in steering evidence-bolstered policy formulations to fruition.

The impetus propelling my fervor to ascend to the mantle of an Executive Officer emanates from an indomitable ardor to confer tangible imprints upon our indigenous tapestry. While my trajectory meanders through realms distinct from conventional byways, I am irrefutably convinced of the transmutable character of my acumen. My innate proclivity for rapid cognitive assimilation portends an unwavering celerity in acculturating to local nuances, ergo enabling a seamless assimilation conducive to substantial and dynamic contributions unto the collective triumph of the team.

考官評語：

Hina（英文系剛畢業）：

評分：10/10

Hina展現出對於二級行政主任職位的渴望以及她豐富的英語文學專業知識。她精煉

的措辭以及深思熟慮的資歷呈現在面試中。她在英語文學方面的學術背景通過她準確的詞彙和優美的表達得以體現。Hina能夠清晰地傳達複雜的觀念，這對於與不同利益相關者的有效交流至關重要。她對細節和精確度的關注，這在她的學術過程中得以培養，對於需要資源分配、財務監督和數據分析的任務非常有幫助。

她在合作小組動力學方面的經驗突顯了她在協調不同部門運營方面的潛力。此外，她對探索和數據整理的偏好與二級行政主任職位的政策支持需求完美契合。Hina對有意義的社會影響的熱情顯而易見，儘管她的職業道路可能看似不傳統，但她的適應能力和對個人成長的承諾使她成為這個職位的強有力候選人。

她每段的結語都能扣緊自身能力與行政主任的工作性質，例如首兩段結尾的which I posit intricately interlace with the quintessence of requisites emblematic of the Executive Officer purview 及 pillars that underpin the edifice of Executive Officer responsibilities。

C Plus（外國工流回流）：

評分：8/10

C Plus為二級行政主任職位提供了引人入勝的理由，充分利用了他作為一位外國專業人士的獨特背景。他的陳述充滿了高級的語言使用和跨文化經驗的巧妙結合。C Plus在國際領域的經歷使他的跨文化溝通能力得到了磨練，這對於與不同部門和社區進行有效聯繫至關重要。他在全球旅程中培養的戰略眼光體現在他管理資源、財務和複雜數據結構的能力上。他在與不同地區的多樣化團隊合作方面的技能對於職位的跨部門協調需求非常相關。他對於研究和數據整理的傾向與二級行政主任角色的政策倡議方面相得益彰。C Plus對於為本地社會做出貢獻的熱情是明顯的，儘管他的職業軌跡看似不太傳統，但他的適應能力和快速的認知吸收能力使他成為優秀的候選人，能夠在這個職位上發揮出色。

然而，在某些部分，他未能提供實際例證，例如他在這句中未解釋清楚「The convolution of my global odyssey has been pivotal in the incubation of my strategic acumen, thereby amplifying my capacity to judiciously marshal resources, adroitly steward fiscal domains」這段話中的「fiscal domain」到底指的是什麼，它可能涉及國際匯率的變動、地緣政治的變動等等。作者未能舉例說明，這明顯是該段面試表達的不足之處。

考官貼士：

能投身行政主任的，當然是傳統名校、一級學府畢業，語文能力極高的人。如果這些英文字都看不明白，可採用前文那些較淺易的。因為接著的政務所涉及的不止是英文難，而是當中涉及哲學及很多理論，非常人能理解「因為政務主任聘的都是精英，例如林太。

如您想學英文，可參考以下一些英文詞句

Hina（英文系剛畢業）：

Allow me to elucidate: 請容我闡釋

Fervent desire: 強烈的渴望

Distinct profile: 獨特的特點

Requisite for success: 成功所需的必要條件

Convey intricate notions cogently: 清楚有力地傳達複雜概念

Heterogeneous spectrum: 多元的範疇

Meticulous parsing of data: 對數據的仔細解析

Collaborative group dynamics: 合作群體動態

Disentangling labyrinthine conundrums: 解開錯綜複雜的難題

Responsively upon the socio-political spectrum: 對社會政治譜系做出敏感回應

C Plus（外國工流回流）：

Comprehensive elucidation: 全面的闡釋

Fervent proclivity: 強烈的傾向

Sui generis background: 獨特的背景

Robust compendium of competencies: 強大的能力匯總

Intercultural communication: 跨文化溝通

Multicultural sensitivities: 多元文化敏感性

Orchestration of harmonious synergy: 協調和諧的協同

Deciphering labyrinthine quandaries: 解讀錯綜複雜的困境

Evidence-bolstered policy formulations: 以證據為支持的政策制定

Indomitable ardor: 不屈不撓的熱情

2.8 政務主任

考政務主任職位的選擇可能源自個人對於意志、影響力、自由、幸福以及存在意義等多方面的追求。不同的人可能基於不同的哲學觀點，選擇投身這個職業並為之奮鬥。無論你在大學主修何種學系，或是有哪些副修，如果你連上述的理論觀點都無法論述，那又如何能夠成為香港政府卓越管理人才的一員呢？顯然，你可能並未在大學裡閱讀過額外的課外書籍。

投考政務主任一職可能會從以下角度解釋：

■ 尼采（Friedrich Nietzsche）：我相信通過這個職位，我可以運用自己的力量來表達自己的意志，參與政策制定，實現個人的影響力和價值。

■ 卡爾·馬克思（Karl Marx）：這個職位代表了我在社會中的地位和影響力。我期待藉由參與政策制定，改善社會階級關係，並推動公平和平等。

■ 西格蒙德·弗洛伊德（Sigmund Freud）：我認為透過積極的工作，我可以滿足內在的渴望，實現自我價值，並減少可能出現的心理衝突。

■ 馬克斯·韋伯（Max Weber）：我相信參與政策制定和管理，可以在官僚體系中找到穩定和可預測性，實現個人和社會的目標。

■ 亨利·大衛·梭羅（Henry David Thoreau）：這個職位讓我有機會推動社會更大的自由和獨立。我希望透過參與政策制定，讓社會變得更平衡和有活力。

■ 約翰·斯圖爾特·密爾（John Stuart Mill）：我認為這個職位可以幫助我平衡個人幸福和社會利益。我期待通過參與創造更美好的社會，實現個人的價值。

- 安德烈·馬爾羅（André Malraux）：我希望通過參與政策制定和管理，為社會的發展和進步留下重要的足跡，實現個人價值。
- 亨利·柏格森（Henri Bergson）：在政務主任的角色下，我希望可以透過參與政策制定和社區建設，為自己創造有意義的時間體驗。
- 薩倫·基爾克高斯特（Søren Kierkegaard）：這個職位將成為我在信仰、責任和成長方面的實踐平台，幫助社會解決生活中的難題。
- 雅斯貝爾斯（Albert Camus）：我選擇投考政務主任職位，是希望通過實際行動，抵抗虛無和絕望，為社會帶來真正的意義和希望。

以下是兩個不同背景人士在面試中的答案。

Ivy Archimedes - recent graduate in law degree

In the illustrious continuum of cerebral paradigms, my intellectual odyssey has been indelibly marked by the doctrinal profundities of four philosophical colossi: John Locke, Montesquieu, Immanuel Kant, and John Rawls. Their ethereal doctrines serve as the bedrock upon which my jurisprudential ontology is meticulously constructed. Assuming the mantle of an Administrative Officer is tantamount to a symbiotic confluence of my legal acumen with these venerable philosophical doctrines.

Locke's sagacious proclamation that the telos of jurisprudence lies not in the abolition but in the amplification of liberty casts the Administrative Officer's role in an orphic light, an ever-vigilant custodian safeguarding the sacral sanctity of civic liberties. This alignment not merely resonates with Locke's dialectics but also augments my zealous fervor to steward this role, ensuring each governmental dictum harmonizes with the inviolable rights of the individual.

Invoking the magisterial wisdom from Montesquieu's magnum opus, one is inexorably led to the realization that grandeur arises from humility. The mantle of the Administrative Officer is thus a quotidian manifestation of the sacrosanct doctrine of the tripartite division of power, embodying a vigilant equilibrium of governance in the echoing cadence of Montesquieu's vision.

Kant's profound edict of universality crystallizes the moral tapestry that envelopes the Administrative Officer's obligation. This venerable mantle evolves into a hallowed sanctum where every pronouncement must withstand the crucible of moral absolutism, further solidifying my steadfast ethos.

In the haunting echoes of Rawls's assertion of justice as the primordial virtue, the Administrative Officer's quest becomes palpable. This exalted charge is a ceaseless sojourn in the hallowed halls of Rawlsian justice, advocating for the marginalized and exemplifying my unwavering dedication to the equitable calibration of society.

The vast terrains navigated by an Administrative Officer, spanning the esoteric realms of policy architecture to the delicate ballet of civic discourse, epitomize an alchemical crucible. Within this sacred forge, I endeavor to alloy my deep-seated legal sagacity with age-old philosophical verities, crafting an opus of justice, autonomy, and perspicacious governance.

To encapsulate, this distinguished post surpasses mere nominal grandeur; it crystallizes my existential ethos. With an indomitable spirit, I ardently yearn to reshape societal panoramas, brandishing the bifurcated might of an Administrative Officer, where legal mastery intertwines with timeless philosophical pillars.

Matthew Jack Li - 3 years experiences working in international firm

I, Matthew Jack Li, have spent three fruitful years immersing myself in the challenges and intricacies of a global firm. Through this journey, I have come to stand at the crossroads of practical experience and intellectual curiosity. These years have not merely been a passage of time, but a transformative crucible in which I've grasped the nuances of administrative processes, delved into the dynamics of complex systems, and recognized the vital significance of cohesive governance. Reflecting on Descartes' foundational maxim, "I think, therefore I am," I perceive the role of an Administrative Officer as more than a mere job title. It is an embodiment of deliberate intent and purposeful existence.

Drawing inspiration from Nietzsche's profound assertion, "He who has a why to live can bear almost any how," my exposure to international business landscapes has solidified my purpose in aspiring to become an Administrative Officer. To me, this position represents not only the act of administration but also the sculpting of societal structures, the meticulous maintenance of governance mechanisms, and the unwavering commitment to effective bureaucracy guided by integrity.

Immanuel Kant's principle, "Act only according to that maxim whereby you can at the same time will that it should become a universal law," further underscores my dedication to this role. Each administrative decision, every nuanced policy, should harmonize with universal principles of equity, efficiency, and societal advancement. It is this Kantian philosophy that I am resolute in instilling within the framework of my envisioned role.

考官評語：

Ivy Archimedes - recent graduate in law degree

評分：8/10

Ivy的回答展現了對語言的嫻熟運用，以及對哲學概念在她對政務主任職位的追求中的深刻理解。她精湛的詞彙運用和複雜的句子結構展示了她對學科的專注。她巧妙地將洛克、孟德斯鳩、康德和羅爾斯的意識形態交織在一起，以闡述她的法律知識如何與這些哲學基礎相一致，形成引人入勝的敘述。艾薇致力於捍衛個人權利、維護權力平衡、堅持道德絕對和倡導正義的承諾，展示了她對政務主任職責本質的全面參與。

在面試中，可能會有考官問及為何她不從事律師工作。這時，她可以運用之前提到的理論來表達她的想法，認為加入政府能更有效地實現她的理想。她的理想基礎是建立在四位法律學哲學家的觀點之上。

筆者按：這些理論是她在法律系學習中所學到的理論，與前文提到的一般可用於獲得分數的理論不同。

Matthew Jack Li - 3 years experiences working in international firm

評分：1/10（不合格）

儘管他擁有豐富的實踐經驗，卻未達到政務主任職位的期望水平。儘管他提到自己在全球公司的三年經驗，但他未能有效地將這些經驗與政務主任職位相關的哲學和道德基礎相結合。他對笛卡爾和尼采的引用缺乏與該職位要求的實質聯繫。此外，他對康德的格言的詮釋，雖在概念上有關聯，但未充分說明他打算如何將這一哲學融入行政決策中。這份回答缺乏深度、連貫性和與該職責相一致的對應，這些本應是一位擁有他這種經驗水平的候選人所應具備的。

這種混亂地使用理論，明顯是從一些街頭機構或網上付費資源隨意學習而來。再加上他的英文水平顯然沒有經過充分準備，就像一個初中生。與前面提到的行政主任的英文水平相比，他的表現更差。而與投考政務主任職位需要的優秀英文水平相比，簡直是天差地遠。

考官貼士：

投考政務主任職位是一項使命，必然需要經歷15年的免費教育以及多年的大學教育，在象牙塔中閱讀大量書籍，從中獲得自然科學主修學科的結論。若這一切如此簡單，那為什麼在投考政務主任職位的考題面前，卻無法寫出一點兒內容，卻又聲稱要為香港提出建議？這樣的情況，就算你考上個十年也難以實現。

當然，英文水平也是另一個議題。你在即時回應中的英文表現可能並不出色，但為什麼在為何要投考政務主任的問題上，卻無法預備一份精心構思的演說稿呢？這樣的人又如何適合加入政務主任精英行列呢？

作為範例中的第二段，Matthew Jack Li 提到：「To me, this position represents not only the act of administration but also the sculpting of societal structures, the meticulous maintenance of governance mechanisms, and the unwavering commitment to effective bureaucracy guided by integrity.」 這段文本似乎是隨意創作的，缺乏事前準備。在聽到這句英文時，我已經將其修改為以下形式：

「To my perception, this role is more than mere administration; it's akin to an artist sculpting the very fabric of society, a diligent custodian preserving the delicate machinery of governance, and a beacon of unwavering dedication, ensuring bureaucracy operates with utmost integrity.」

這種改法有以下作用：

■ **詩意的意象**：將這個職位比喻為 "an artist sculpting the very fabric of society" 提升了這個職位的地位，將其從平凡的工作變成一種藝術形式。這使句子在視覺和情感上都非常引人入勝，因為它喚起了藝術家工作的圖像。

■ **語言的變化**：新的短語如 "diligent custodian" 和 "delicate machinery of governance" 被用來替代重複的詞語。這種多樣性豐富了描述並避免了冗餘。

■ **有力的結尾陳述**：以 "ensuring bureaucracy operates with utmost integrity" 作為結尾，加強了這一角色的重要性和高尚性。

以下是上述兩篇面試稿件中使用的十個高級英文字詞，以及它們的中文意思：

■ **cerebral paradigms**：指的是不同的思維範式或模式。可以將其翻譯成「腦力思維模式」或「思考範式」。

■ **doctrinal profundities**：表示深刻的教義或學說。您可以將其翻譯成「教義的深度」或「學說的深奧之處」。

■ **ethereal doctrines**： 表示高深莫測的教義。可以將其翻譯成「神秘的學說」或「超凡的教義」。

■ **symbiotic confluence**：表示不同事物的合作聯動。您可以將其翻譯成「共生的匯流」或「互相促進的融合」。

■ **orphanic light**：用來比喻一種明亮的、護衛的光芒。可以將其翻譯成「明亮的守護之光」或「照耀的守護光芒」。

■ **vigilant equilibrium**：表示警覺的平衡狀態。可以將其翻譯成「警覺的均衡」或「警戒的平衡狀態」。

■ **moral tapestry**：表示多樣的道德元素組成的整體。可以將其翻譯成「道德的織錦」或「道德的複雜結構」。

■ **transformative crucible**：表示一個能夠引起變革的環境或過程。可以將其翻譯成「具有轉化力的熔爐」或「變革之處」。

■ **unwavering commitment**：表示堅定不移的承諾或信念。可以將其翻譯成「堅定的奉獻」或「毫不動搖的承諾」。

■ **grandeur arises from humility**： 傳達了一種觀點，即真正的崇高來自於謙虛。您可以將其翻譯成「偉大源於謙虛」或「謙卑造就偉大」。

Chapter **03**
其他個人問題

3.1 個人問題 - 面試要求

以下是一些在香港公務員面試中一般會問到的個人問題。我從中選擇了四個常見的問題進行解釋。我將根據不同的職位層次提供答案,分為助理文書主任、其他專業職系、行政主任和政務主任四個層次給予答案。前兩個層次的答案將使用中文書寫,後兩個層次則會使用英文書寫。如果您對後兩個層次的問題感到困難,特別是英文能力不高,可以選擇不閱讀。但如果您能理解,您將能夠分辨出高手的回答和有實力的回答,也能夠了解競爭對手的實力,這樣您就不用再在網上亂看討論區中的面試檢討帖文。因為人們不太會輕易分享他們奪高分的答案,除非您購買了這本書,哈哈。

在面試中,面試官可能會問各種與您的個人經歷、能力和適應性相關的問題。以下是50個可能被問到的個人問題,供您參考:

請自我介紹一下。(詳見前文)

您選擇這份工作的原因是什麼?(詳見前文)

1. 請舉例說明您在過去的工作中如何解決難題。

2. 您認為自己的最大優點是什麼?

3. 您遇到過失敗的經歷嗎?您是如何處理的?

4. 描述一個展示您領導能力的場合。

5. 如何管理工作壓力?

6. 您在團隊中的角色是什麼?

7. 您的職業目標是什麼?

8. 您最大的職業成就是什麼?

9. 您在克服困難時的方法是什麼?

10. 您在過去的工作中是否有提出創新的建議？

11. 請描述您的學習風格。

12. 您在進行多個任務時如何確保有效管理時間？

13. 請舉例說明您如何處理與同事之間的衝突。

14. 您如何處理接受批評的情況？

15. 您對於自己在未來5年內的職業規劃有什麼想法？

16. 請說明您在使用特定軟件或工具方面的經驗。

17. 您對於工作中的反饋是怎麼看待的？

18. 您最近參加的培訓或課程是什麼？

19. 請描述您的團隊合作經驗。

20. 您在自我管理方面有哪些方法？

21. 您如何鼓勵自己保持積極態度？

22. 您遇到過無法按時完成任務的情況嗎？您是如何處理的？

23. 描述一個需要您多方面技能的專案。

24. 您是如何保持自己在專業領域的知識更新的？

25. 您如何處理遇到的職業挫折？

26. 描述一個您影響他人觀點或行為的經驗。

27. 您在面對變化時的適應能力如何？

28. 您如何確保您的工作符合高標準？

29. 您如何平衡工作和個人生活？

30. 描述一個您成功解決客戶問題的案例。

31. 您在工作中遇到過的最大挑戰是什麼？

32. 請舉例說明您如何處理緊急情況。

33. 您如何在團隊中建立和諧的工作環境？

34. 您如何處理您與同事意見不合的情況？

35. 描述一個您主動學習新知識或技能的例子。

36. 您在遇到工作上的道德困境時，會如何處理？

37. 您如何適應不同的工作文化和團隊風格？

38. 描述一個您成功領導團隊的案例。

39. 您如何管理您的個人成長和職業發展？

40. 請舉例說明您在壓力下保持效率的方法。

41. 您在過去的工作中是否參與過專案管理？請描述一個例子。

42. 描述一個您遇到溝通障礙的情況，您是如何解決的？

43. 您如何處理您與上級意見不合的情況？

44. 您對於技術發展和趨勢的關注程度如何？

45. 描述一個您主動解決問題的案例。

46. 您如何確保您的工作與團隊的整體目標保持一致？

47. 請分享您對於自己最重要的職業價值觀。

48. 您對於政府工作的文化和價值觀有什麼了解？

49. 您對於多元和包容性工作環境的看法是什麼？

50. 請舉例說明您如何處理需要同時滿足多個重要任務的情況。

3.2 您最大的成就是什麼？

Level 1 答案（助理文書主任適用）

以下是其中20個答案：

1. **專業成就**：在上一份工作中，我帶領團隊成功地完成了一個複雜的專案，並在限定時間內交付了高品質的成果，

2. **學術成就**：我在大學期間保持了卓越的學業表現，並榮獲了學術獎學金以表彰我的成就。

3. **領導經驗**：我在學生會擔任主席，成功組織了多個校園活動，並促進了學生參與和互動。

4. **志願服務**：我參與了一個社會服務項目，幫助改善了一個貧困社區的基礎設施，並為當地居民帶來了實質的幫助。

5. **創業經歷**：我創辦了一個小型企業，並成功地將其從零發展成一個盈利的企業。

6. **國際合作**：我參與了一個國際合作項目，在多個國家的團隊合作下，我們實現了一個全球性的解決方案。

7. **創新成就**：我在之前的工作中提出了一個創新的點子，節省了公司大量的成本並改進了流程效率。

8. **團隊合作**：我在一個多元化的團隊中發揮了關鍵作用，協調不同背景和技能的成員，取得了出色的團隊成果。

9. **持續學習**：我持續投資於自己的專業發展，通過學習新技能和參加培訓課程，保持與行業趨勢的同步。

10. **解決問題**：我在一個緊急情況下，迅速提出了一個有效的解決方案，解決了一個可能影響項目進展的重大問題。

11. **對客戶滿意度的影響**：我在客戶服務方面的卓越工作，導致客戶滿意度提高了30%，並贏得了持久的客戶合作關係。

12. **教育他人**：我作為一名導師，成功地幫助了一位學生克服學習障礙，並在考試中取得了優異的成績。

13. **創建影響力**：我撰寫了一篇關於可持續發展的文章，在線上平台上獲得了數千次的分享和閱讀。

14. **跨功能協作**：我在不同部門之間的協作中，協調了信息流，確保項目能夠按時交付。

15. **突破個人極限**：我參加了一次極限馬拉松，雖然面臨著肉體和心理的挑戰，但我成功地完成了比賽。

16. **團隊文化建設**：我在團隊中推動了一個積極的文化，增強了成員之間的合作和信任。

17. **自我克服**：我克服了公共演講的恐懼，並在一個重要會議上進行了成功的演講。

18. **技術創新**：我參與了一個新產品的開發，提出了一個關鍵的技術改進，使產品更具競爭力。

19. **影響組織文化**：我在公司中推動了靈活的工作安排，提高了員工的工作滿意度和工作效率。

20. **持續改進**：我在工作中始終關注著流程的改進，通過精細調整，我成功地提高了生產效率和品質水平。

以下是第6點「團體文化建設」詳細描述的示例：

在我之前的職位中，我參與了一個跨部門的團隊，目標是共同完成一個具有挑戰性的專案。我注意到團隊之間的溝通不夠順暢，互相合作的情感也不夠積極。為了改善這種情況，我主動提出了建立更強大的團隊文化的想法，以提高效率和成果。

我首先開始與團隊成員進行個人交流，了解他們的需求、關注點和挑戰。然後，我組織了定期的團隊建設活動，包括工作坊、團隊午餐和知識分享會。這些活動不僅讓團隊成員更好地了解彼此，還加強了合作和互信。我還建議引入跨部門的協作平台，使團隊成員能夠更容易地分享資訊、交流想法並合作解決問題。此外，我鼓勵每個團隊成員分享他們的專業知識，從而促進了更開放的知識交流文化。在幾個月的努力下，我看到了明顯的變化。團隊成員開始更積極地參與協作，溝通變得更加流暢，而且他們之間的互信也得到了提升。最終，我們成功地完成了專案，並且這個新的團隊文化也在整個組織中得到了推廣。

這次經歷不僅證明了我在協作和領導方面的能力，還表現出了我對建立積極、開放和合作的工作環境的承諾。這也教會了我如何識別問題，提出解決方案，並積極引導團隊成員走向成功。

Level 2 答案（其他專業職系適用）

我相信閱讀至此，讀者已經了解到前述的20個答案雖然符合助理文書主任職位的需求，但並不適用於專業職位。這些答案可能因為過於簡單而顯得毫無準備，就像隨意編排的一樣。

你將要提供的答案是經過精心準備的，是在眾多成就中精心挑選的。在有限的面試時間內，你將分享最能證明你適合該工作的經歷。這些答案不僅符合面試工作的要求和特點，更能突顯你對此職位的認識和準備程度。

如果你的回答無法適應面試工作的要求和特點，那麼就意味著你浪費了寶貴的面試時間，同時也說明你在準備方面存在不足。你深知這不是你想要傳遞的形象，因此你會確保你的回答充分體現你對於該職位的熱情和充足的準備，以下是十個能夠奪得分數的答案：

1. **專業研究**：我參與了一項專業研究，這項研究為公司提供了新的方法和策略，改變了業界的發展趨勢。

2. **技術專家**：在某項技術上，我已經達到了業界領先水平，並在專業會議上發表了相關研究。

3. **高級管理經驗**：我成功地管理了一個跨國團隊，帶領他們完成了多個重要專案。

4. **業界認識**：我與多個業界領袖建立了深厚的合作關係，並與他們合作進行了多項創新計劃。

5. **專業培訓**：我負責組織和開展了多次專業培訓課程，幫助員工提高專業技能和知識。

6. **技術創新**：在某一技術問題上，我提出了一個革命性的解決方案，這一方案已被公司實施並取得了成功。

7. **高效管理**：我提出了一套全新的管理體系，使部門的工作效率提高了40%。

8. **業界影響**：我所撰寫的專業文章和報告被業界廣泛引用，對業界發展產生了積極的影響。

9. **商業洞察**：我成功地預測了市場的變動，並提前做出了相應的策略調整，為公司贏得了巨大的市場份額。

10. **專業領域的貢獻**：我參與了多次國際合作項目，通過跨文化協作，促進了全球專業發展。

以下是一個主修英國文學剛畢業的學生，投考二級助理勞工事務主任，回應題目的示例：

在過去的大學學習過程中，我最引以為傲的成就是在英國文學專業中的學術探究。我不僅限於詩詞和散文的閱讀，而是深入研究從莎士比亞時代到現代的社會、經濟和政治背景。我專注於對勞工階級在文學作品中的描寫和反映，並進行了一項深入的專題研究，專注於查爾斯·狄更斯的作品，如《都孤兒》和《雙城記》。這項研究讓我更加了解19世紀英國工業革命時期勞工的真實處境，以及由此引發的社會議題。

透過挖掘歷史文獻，與教授和同學進行深入的討論，我能夠從多個角度深入研究這一主題。我組織了一次公開演講，將我的研究成果介紹給學校內的同學和教職員。這次演講不僅提升了我的批判性思考和獨立研究能力，還強化了我的組織和溝通技巧。

這項成就不僅是對我學術能力的驗證，更是我對文學和社會議題緊密聯繫的證明。通過深入研究和呈現，我能夠從不同角度理解並解釋複雜的社會問題，並將這種能力應用於未來的學術和專業探索中。

考官評語：此申請者以英國文學背景，為其在尋求二級助理勞工事務主任職位方面帶來了獨特的視角。個人能夠運用歷史和文學的觀點來理解勞工需求，並對其困境表達深切同情與理解。這種獨特的洞察力有望在處理勞工議題時帶來深遠的影響。此外，申請者在大學期間培養了研究、組織和溝通能力。這些能力將對其在職位上高效與各方進行溝通、促進勞資關係和諧發揮積極作用。在職務履行方面，這些能力將成為寶貴的資源。

申請者深信每位勞工都擁有獨特的故事和背景，並且強調了了解和尊重每個人故事對建立和諧關係的重要性。這種人本主義的價值觀將在處理各種勞工案例時起到積極作用，有助於營造積極的工作環境。

Level 3 答案（行政主任適用）

以下是一個外國回流香港永久性居民，投考行政主任回應題目的示例：

During my time overseas, I orchestrated a notable achievement by catalyzing a cross-cultural collaboration between our foreign branch and the headquarters. Recognizing the potential synergies stemming from diverse perspectives and practices, I closely collaborated with teams from both locales to bridge linguistic and operational gaps.

Overcoming the hurdles of differing time zones, languages, and work etiquettes, I facilitated regular virtual meetings and workshops that facilitated the exchange of ideas and optimal practices. These endeavors streamlined decision-making processes, resulting in accelerated project executions and enhanced overall efficacy.

考官評語：This achievement demonstrates the interviewee's ability to navigate challenging situations across various countries. It also indicates a proficiency in fostering effective collaboration among individuals hailing from diverse regions. The interviewee acknowledges the significance of teamwork and communication. The aforementioned experience has provided valuable insights into collaborating with a global workforce, and the interviewee is well-prepared to leverage this acquired skillset to contribute to the success of your team.

Level 4 答案（政務主任適用）

當面試官問及您最大的成就時，您可以從以下哲學理論中挑選一個或多個，以展示您的思想深度和綜合能力。以下是一些哲學理論的簡要介紹：

- 功利主義（Utilitarianism）：著重於追求最大多數人的幸福和最大化整體福祉。您可以提及您如何在某個情境下，通過您的決策或行動，幫助了更多人獲得幸福。

- 德行倫理學（Virtue Ethics）：強調培養個人的美德和品德，以實現內在的良善。您可以分享您如何透過堅持道德價值和美德，影響了您自己或他人的生活。

- **義務論（Deontology）**：強調遵循道德原則和義務，而不僅僅是追求結果。您可以講述您如何在面對道德困境時，堅守原則，並作出符合道德規範的選擇。

- **存在主義（Existentialism）**：關注個體的存在和自由，並強調人的責任和選擇。您可以分享您如何在面對人生的不確定性和困難時，找到了意義和方向。

- **實用主義（Pragmatism）**：強調解決問題和行動的實際性，將理論應用於實際情境。您可以講述您如何透過實際行動，解決了某個具體的挑戰或問題。

- **人文主義（Humanism）**：關注人的尊嚴、價值和個體的自由。您可以講述您如何通過支持他人的發展和成長，實踐了人文主義的價值觀。

- **朋友愛（Philia）**：強調友情和親情的重要性，以及與他人建立深厚的情感聯繫。您可以分享您如何在人際關係中建立了長久的友誼或支持系統。

以下是一個有兩年工作經驗的工程人員，投考政務主任回應題目的示例：

When navigating the labyrinthine challenges engendered by the inception of a novel thoroughfare, my methodology transcends the conventional paradigms of technical rectitude, meandering instead into a nuanced evaluation of the manifold societal dividends emanating from these determinations. My overarching aspiration is to conceptualize a boulevard that amalgamates economic prowess with the optimization of boons for an extensive populace. In this pursuit, I rigorously espouse the tenets of utilitarianism, endeavoring tirelessly to augment the collective societal prosperity.

To inaugurate, I coalesce a multifarious cadre of mavens hailing from diverse specializations. Through meticulous engineering scrutiny and sophisticated simulacra, a pantheon of viable technical resolutions emerges. Nonetheless, the doctrine of utilitarianism obligates an unwavering cognizance beyond mere technocratic benchmarks, demanding an exploration into the avenue's repercussions upon the biosphere, macroeconomy, and the intricate tapestry of our societal construct.

In light of this, concomitant to the evaluation of the technical virtues of substrates, I embark on exhaustive cost-benefit explorations. This expedition encompasses a contemplation of both protracted infrastructural and conservation expenditures as well as the promenade's interplay with settlements and vehicular flux. The culmination of this sojourn is to unearth an architecture that, while satisfying technical exigencies, bestows largesse upon an extensive swath of humanity.

Drawing inspiration from historical precedents such as the Appian Way and the Silk Road in its procedural approach, I eventually gravitate towards a particular concrete amalgam that effortlessly marries fiscal prudence with my stringent technical criteria. Through this erudite stratagem, I ascertain that the nascent route is not merely a marvel of engineering, but also a resounding testament to societal magnanimity.

考官評語：The candidate's dedication to conducting meticulous cost-benefit analyses and their comprehension of the intricate interplay between infrastructure, conservation efforts, settlements, and traffic dynamics illustrate a holistic grasp of the pragmatic consequences of policy choices. This understanding is particularly crucial when navigating the intricate dynamics of resource allocation and societal advancement within the administrative landscape.

Furthermore, his inclination to transcend conventional paradigms and assess the broader societal repercussions of decisions aligns well with the multifaceted nature of administrative responsibilities. In a domain where policies can have ripple effects, their approach of considering economic, environmental, and social implications aligns with the comprehensive approach required for effective administrative tasks.

總結來說，無論投考任何職位的人，都必須利用這個問題來選擇自己的答案。這是因為在一生中取得了眾多成就，必須挑選一個與應徵職位相關的成就，向面試官展示自己對面試有充分的準備。特別是對於考試行政主任和政務主任職位的人來說，不僅需要具備出色的英文能力，後者還需要有相關理論支持。

最大的成就是什麼？如何定義「最大」？如何衡量？在示例中使用功利主義的思維，提供了最好的證明。相反地，如果未能運用相關理論，則無法具備投考政務主任職位的資格。

3.3 您如何解決難題？

Level 1 答案（助理文書主任適用）

以下是其中20個答案：

1. **分析問題**：首先，我會仔細分析問題，了解其背景、根本原因以及影響範圍。

2. **集思廣益**：我會與團隊成員討論，匯集不同的觀點和思路，從中找到最佳解決方案。

3. **研究案例**：我會研究類似的案例，借鑒他人的經驗和方法，以加速問題解決過程。

4. **創造性思維**：在解決難題時，我會嘗試不同的創意和創新思維，找到獨特的解決方案。

5. **逐步分解**：將複雜問題分解成較小、可管理的子問題，逐步解決每個子問題。

6. **優先級排序**：根據問題的緊急程度和影響，我會確定解決問題的優先級，然後有條不紊地解決。

7. **數據驅動**：基於數據和事實，我會做出決策，避免主觀臆斷影響解決方案。

8. **跨領域合作**：若問題跨足多個領域，我會與專業人士合作，匯集各方專業知識。

9. **持續學習**：我會不斷學習新知識和技能，以應對不同類型的難題。

10. **反饋循環**：我會在解決問題的過程中尋求反饋，不斷調整和改進解決方案。

11. **主動溝通**：如果需要，我會與相關人員溝通，共同探討可能的解決方案。

12. **模擬情境**：我會通過模擬不同情境，預測可能的結果，並選擇最合適的行動方案。

13. **風險評估**：在解決問題時，我會考慮各種可能的風險，並採取措施減少風險。

14. **逆向思維**：我會從問題的逆向角度思考，找出問題的根本原因，然後解決之。

15. **嘗試與調整**：如果一種方法不奏效，我會快速調整策略，嘗試其他方法。

16. **持續改進**：解決問題不僅僅是應急措施，我會尋求持續改進，避免類似問題再次發生。

17. **靈活性與適應性**：我會靈活調整計劃，根據問題的動態變化來應對情況。

18. **情緒管理**：在解決難題時，我會保持冷靜，不受情緒影響，以更好地思考和決策。

19. **反思經驗**：解決問題後，我會反思整個過程，總結經驗教訓，以便未來更好地應對類似問題。

20. **專業知識**：我會利用我在相關領域的專業知識和技能，提供有根據的解決方案。

以下是第11點「主動溝通」詳細描述的示例：

在解決困難問題時，我堅信主動溝通是不可或缺的一環。我會積極尋求與相關人員之間的溝通和協作，以便共同找到解決方案。首先，我會識別出那些對解決問題具有重要利益的相關人員，這些人可能來自不同部門、層級或專業領域。他們的參與可以為問題的解決提供多元的觀點和建議。

在準備與相關人員溝通之前，我會明確地定義我們的溝通目標。這可以確保我們的溝通重點明確，不偏離主題。此外，我會選擇適當的溝通方式，這可能包括會議、電子郵件、視頻會議或直接交談。選擇適合情境的溝通方式有助於確保信息能夠有效傳達。

在溝通過程中，我會保持開放的心態，鼓勵所有人自由表達意見和看法。這可以促進多方參與，並為問題的解決提供更多可能性。我會仔細聆聽他人的意見，並在必要時提出相關問題，以深入了解他們的觀點。而且，我會積極參與討論，分享自己的想法和建議。同時，我也會確保自己的表達清晰明確，以免引起誤解。我相信，通過開放的對話，可以解決潛在的誤解，確保所有人對問題和解決方案有一個一致的理解。

在達成共識並找到解決方案之後，我會確保及時地與相關人員分享進展情況。這可以確保每個人都能夠瞭解問題的最新狀態，同時也可以收集更多的意見和建議。這種開放和透明的溝通方式有助於確保問題解決過程的順利進行。

Level 2 答案（其他專業職系適用）

1. **深度研究**：我會投入時間進行深入的文獻研究和技術評估，確保我對問題有全面且深入的了解。

2. **利用高級技術工具**：為了解決專業領域的難題，我會利用先進的分析工具和軟體，以確保準確性和效率。

3. **專家諮詢**：我會積極尋求領域專家的意見和建議，並與他們進行頻繁的交流和合作。

4. **多項目分析**：在遇到特定的專業問題時，我會同時考慮多個解決方案，並透過實際應用來驗證其效果。

5. **建立模型**：在解決某些專業問題時，我會建立相應的數學或模擬模型，透過模型進行預測和優化。

6. **持續教育**：為了保持專業的前沿，我會參加專業培訓和研討會，學習最新的技術和知識。

7. **團隊合作**：我相信團隊的力量，所以在解決難題時，我會和團隊緊密合作，充分發揮每個人的專長。

8. **實驗驗證**：我會透過實地實驗或模擬來驗證我的解決策略，以確保其有效性。

9. **結果反饋**：我會定期檢視我所採取措施的效果，並根據反饋做出調整，以確保問題能得到最佳的解決。

10. **跨領域整合**：在當今複雜的專業環境中，許多問題都需要多領域的知識和技能。因此，我會努力整合跨領域的資源，尋求最佳解決方案。

以下是一個擔任三年的市場營銷實習生，投考二級助理貿易主任，回應題目的示例：

在我在大型公司擔任三年的市場營銷實習生期間，我已經累積了許多經驗，特別是在如何使用數學和模擬模型進行策略優化方面。面對貿易的難題，我會這樣解決：

當我們在市場上評估一個新的出口目的地或考慮進口某種產品時，我會建立一個供應鏈優化模型。這個模型基於歷史數據和市場趨勢，可以幫助我們預測可能的需求量、價格波動以及物流成本。例如，考慮到季節性因素、政治環境或經濟指標，模型可以預測未來數月的價格變動，從而幫助我們做出是否購買或存儲該產品的決策。

此外，對於潛在的新市場，我會利用市場滲透模擬，模擬新產品在特定市場的接受程度和可能的銷售趨勢。這不僅基於數據，還結合了當地的文化、消費習慣和競爭環境，以提供更全面的分析。

考官評語：這位應聘者在回答關於二級助理貿易主任職責的問題時表現得相當出色。他/她清楚地理解了該職位所需的職責，並且提出了一個具有前瞻性和戰略性的觀點。特別值得注意的是，他/她強調了應用模型來幫助公司做出更明智的決策，提高競爭力和盈利能力的重要性，這充分體現了應聘者對於職位的深入理解。

應聘者在回答中也提到了自己在市場營銷方面的經驗，這顯示他/她具有跨領域的能力，能夠將過去的經驗與新職位的需求相結合，為公司帶來實質的價值。這種自信和自覺性對於成功擔任這一職位至關重要。

Level 3 答案（行政主任適用）

以下是一個當年五年護士長的應徵者，投考行政主任回應題目的示例：

During my five-year tenure as Head Nurse, I've developed a profound appreciation for the ever-expanding role of technology within the realm of healthcare, particularly in the domain of intricate problem resolution. A strategy I consistently employ involves harnessing cutting-edge technical apparatuses to ascertain precision and optimize efficacy.

To illustrate, when confronted with intricate quandaries such as patient schedule management or the allocation of nursing resources, I eschew reliance upon manual records or conventional methodologies. Instead, I opt for the utilization of sophisticated scheduling software. This facilitates real-time updates, prognostic analytics, and heightened synchronization among the nursing cadre. Consequently, the software ensures the prompt administration of patient care while maintaining an optimal staffing equilibrium.

考官評語：I have been impressed by the way this individual acknowledges the significance of technology in modern administrative functions. The applicant's keen understanding of the importance of technological tools for tasks such as data management, project oversight, and interdepartmental communication is evident.

Commitment to leveraging advanced analytical instruments and software applications to address issues demonstrates a proactive and strategic mindset. This approach not only showcases her ability to identify potential challenges but also to proactively devise efficient and effective solutions.

Level 4 答案（政務主任適用）

以下是十種常見的哲學理論，它們可以被用來解決各種難題：

1. **柏拉圖的理念論（Platonic Idealism）**：通過追求理念的完美和真實，尋找問題的本質和最終解決方案。

2. **康德的義務論（Kantian Deontology）**：基於道德義務和原則來決定正確的行動，強調尊重人的尊嚴和普遍法則。

3. **尼采的超人（Nietzsche's Übermensch）**：通過超越常規觀念和價值觀，找到創新和超越困境的途徑。

4. **實用主義（Utilitarianism）**：尋求最大程度的幸福和最小化痛苦，通過權衡各種可能性來做出決策。

5. **社會契約論（Social Contract Theory）**：從社會成員之間的合意和協議出發，尋找平等和公正的解決方案。

6. **存在主義（Existentialism）**：強調個體的自由意志和選擇，通過在困境中賦予生命意義來應對困難。

7. **辯證法（Dialectics）**：通過對矛盾和衝突的處理，逐步達到新的理解和解決方案。

8. **自然法（Natural Law）**：基於普遍的道德法則和自然秩序，尋找正確的行動方向。

9. **唯心主義（Idealism）**：認為意識和思維在解決問題中具有至關重要的作用，現實是心靈的產物

10. **功利主義（Pragmatism）**：強調實際的有效性和實用性，尋找在實際情況中最可行的解決方法。

以下是一名食物環境衞生署二級衞生督察，投考政務主任回應題目的示例：

Confronted with the relentless and intricate conundrum of contamination persistently plaguing a localized marketplace, my initial cognitive inclination gravitated towards a profound resonance with the foundational tenets of Idealism. This perceptual embrace ushered forth a realization of profound import: the domain of food safety unfurls far beyond superficial perturbations, unveiling a nuanced interplay of multifaceted variables interwoven within the labyrinthine fabric of the marketplace's ecosystem. In response, I embarked upon an odyssey of introspection mirroring the quintessence of Idealism's principles, necessitating a strategic detachment from the immediacy of tasks and thus germinating a contemplative sojourn into the intricate nexus of interwoven factors that choreograph the symphony of occurrences.

Stepping resolutely into the fray, I plunged into the abstruse depths of diverse dimensions, each exuding a gravitas that shapes the bedrock of food safety—spanning expansively from the intricate convolution of supply chains to the meticulously orchestrated choreography of handling protocols, further spanning to the rigorously defined parameters of storage conditions, all the way to the idiosyncratic eccentricities exhibited by the purveyors. This panoramic and perspicacious grasp underscored its unparalleled significance in unearthing the systemic interstices that perpetuate the enigma of contamination.

考官評語：The interviewee's response, though highly intricate, aligns well with the demands of a role in public administration. Their adeptness in dissecting underlying patterns and causal factors implies an ability to comprehend intricate policy frameworks and socio-economic dynamics. Such a capacity is crucial in a role where policies must be formulated, implemented, and managed in consideration of their far-reaching impacts on society.

Moreover, the interviewee's emphasis on a holistic approach and their inclination to see beyond isolated instances resonate with the multifaceted nature of public administration. The role requires professionals to consider diverse perspectives, collaborate with various departments, and address complex societal issues in a comprehensive manner.

The interviewee's sophisticated expression and evident penchant for discerning connections between various components suggest their potential to contribute effectively to decision-making bureaus, where crafting policies that are socially relevant and resource-efficient is paramount. Furthermore, their ability to coordinate and supervise government services aligns with the responsibilities of overseeing community projects and ensuring efficient service delivery.

總結來說，如何解決難題？在應對助理文書主任職位的考試中，普遍而言，多加強溝通被視為一個合適的答案。然而，若是追求更高級的職位，就需要運用文中提到的數學模型或高階電腦程式，否則你的大學學位可能不會被充分發揮，看似毫無讀書的意義。在這樣的情況下，必須展示你如何將大學所學的知識應用於實際工作中，並且清楚地論述這些應用如何與你申請的職位相關聯。

對於政務主任職位，做事通常需要建立一套理論基礎。舉例來說，食環督察在開頭提到的「...with the foundational tenets of Idealism. This perceptual embrace ushered forth a realization of profound import: the domain of food safety unfurls far beyond superficial perturbations, unveiling a nuanced interplay of multifaceted variables interwoven within the labyrinthine fabric of the marketplace's ecosystem」

這種觀點表明，食環督察的職責不僅僅是確保食物安全和市民健康，更是通過理解多面變數的相互作用，去保護市場生態系統，這種想法是基於唯心主義。然而，對於英文能力有限的人或不知道唯心主義來說，可能無法理解他所談論的內容，這就顯示了政務主任只會招聘精英分子。

如果缺乏足夠能力或未曾購買該書的情況下，面試者回應「您如何解決難題？」的答案必然是這樣：「首先需要著重於有效執行食品環境監督工作。這包括對部屬進行全面監督，確保每一個步驟都得以妥善執行。同時，要明確指示他們應該做什麼，並確保有充分的檢查程序。此外，也需要建立起團隊合作的精神，這將有助於確保團隊內部的協調與合作。同樣重要的是要讓團隊成員明白食品安全的重要性」

前述回答中提及的方法和概念均未達到 LEVEL 2 的水準，更不用說 LEVEL 4，這些方法對於解決相關困難毫無實際幫助。

3.4 您對於政府工作的文化有什麼了解？

Level 1 答案（助理文書主任適用）

以下是其中20個答案：

1. **效率與專業**：香港政府的工作文化強調高效率和專業，員工通常被期望在快節奏的環境中處理事務。

2. **多元與包容**：政府工作文化反映了香港多元的社會結構，鼓勵不同背景和意見的人合作，以提供更全面的服務。

3. **終身學習**：香港政府鼓勵員工持續學習和自我提升，以應對不斷變化的挑戰和需求。

4. **協作精神**：合作是政府工作文化的核心，部門之間常常合作解決複雜的問題，確保政策的一致性。

5. **尊重和禮貌**：階級和職位的尊重是政府工作文化的一部分，員工之間以禮貌和尊重相處。

6. **資訊分享**：員工被鼓勵分享資訊和知識，以促進跨部門和跨職能的合作。

7. **靈活性**：政府工作可能需要應對意外情況，因此員工需要具備靈活性和適應能力。

8. **服務導向**：員工的主要目標是為市民提供優質的服務，滿足他們的需求和期望。

9. **平衡工作和生活**：政府鼓勵員工實現工作和生活的平衡，以保護員工的福祉。

10. **創新思維**：雖然政府具有傳統，但它也鼓勵員工提出創新的解決方案，以因應現代挑戰。

11. **責任感**：員工通常被賦予一定的責任，並被期望對自己的工作和決策負責。

12. **公平和平等**：工作文化強調對待員工的公平和平等，無論其背景或職位。

13. **專業發展**：政府提供培訓和專業發展機會，以幫助員工提升技能和知識。

14. **細節和精確**：在政府工作中，對細節的關注和精確性是至關重要的，以確保準確的決策和執行。

15. **紀律和溝通**：工作文化強調紀律，並重視有效的內部和外部溝通。

16. **執行力**：員工被鼓勵能夠自主執行工作，並在預定時間內完成任務。

17. **團隊合作**：政府工作通常需要跨部門合作，因此團隊合作是成功的關鍵。

18. **應變能力**：由於社會和政治情勢的不確定性，員工需要有應變能力來應對各種挑戰。

19. **業務知識**：了解和熟悉相關領域的業務知識對於在政府工作中是至關重要的。

20. **服務熱忱**：政府工作需要對服務的熱情，以確保市民得到最佳的支援和協助。

以下是第1點「效率與專業」詳細描述的示例：

效率與專業是香港政府工作文化的關鍵特點。這種文化強調在快節奏的環境中高效處理事務，同時保持專業態度和能力。香港政府作為一個國際金融和商業中心，其工作文化緊密地連接到城市的快速發展和多樣變化的挑戰。高效率意味著政府員工必須能夠迅速而有效地完成工作，以確保政府能夠應對日益複雜的問題和需求。

此外，專業是政府工作的基石，員工被期望具備專業知識和技能，並能夠將這些能力應用到他們的工作中。這種專業態度有助於確保政府的運作達到最高標準，並在提供服務、制定政策以及應對挑戰時保持優質表現。因此，效率與專業不僅是政府工作的核心價值，也是確保香港政府持續成功的關鍵元素。

Level 2 答案（其他專業職系適用）

1. **策略性思維文化**：專業職位更強調策略性思維，考慮長遠的政策規劃，而不僅僅是日常工作流程和管理。

2. **深度專業知識**：專業部門強調專家級別的知識和能力，員工通常在特定領域有深厚的研究和實務經驗。

3. **數據導向決策文化**：在專業職系中，數據和研究在決策過程中佔有重要地位，而不是僅依賴經驗或直覺。

4. **前瞻性與願景**：這些職位往往要求員工不僅要處理當前的問題，還需要展望未來，設定和追求長遠的願景。

5. **跨領域協作**：專業職系強調跨學科和跨部門的合作，這需要員工有廣泛的知識和協作技巧。

6. **持續學術和研究追求**：鼓勵員工持續參與學術研究，以確保政府策略和決策的先進性和科學性。

7. **高度的認同感和使命感**：專業職位往往對其職責有更強烈的認同感，認為自己的工作為香港的發展作出了貢獻。

8. **批判性思考**：強調問題的多面性和深入分析，鼓勵員工從不同角度看待問題，而不是僅僅接受給定的解決方案。

9. **高度的專業操守**：對於潛在的利益衝突和道德議題有更深入的認識，並在工作中持續強調這些原則。

10. **獨立性與領導能力**：專業職系不僅僅是執行，還需要具有主動性和領導能力，能夠獨立管理項目，並領導團隊達成目標。

以下是一個主修食物營養系剛畢業的學生，投考二級管理參議主任，回應題目的示例：

作為一名剛畢業於食物營養系的學生，我深知數據和科學研究在營養學中的核心地位。在學習期間，我經常透過各種研究數據來支撐和驗證飲食建議和營養策略。這與政府工作的「數據導向決策文化」有著極為相似的理念。政府工作強調以實證為基礎的策略制定，不依賴主觀感受或經驗，而是嚴格基於可靠和確鑿的數據。

透過我在食物營養領域的學術背景，我體認到做出最佳決策的重要性。對於二級管理參議主任這一職位，其核心職責是參與策略性的政策制定和建議，這需要嚴謹的數據分析和評估。透過我的營養教育背景，我習慣於分析大量的數據，並從中找出最有意義的訊息，以便制定最有利的策略。

此外，食物營養的研究經常涉及到跨學科的合作，例如醫學、生物學和社會學。這使我習慣於從多角度分析問題，並確保在策略制定中考慮到所有相關的因素。這一點與政府工作中的「數據導向決策文化」高度契合。

考官評語：我對您的經歷和觀點深感印象深刻。您的食物營養學背景為您在政府工作的二級管理參議主任職位上提供了一個堅實的基礎。您對數據和科學研究的高度重視，以及將其應用於飲食建議和營養策略的經驗，與政府工作中強調的「數據導向決策文化」不謀而合。

Level 3 答案（行政主任適用）

以下是一個在二級助理社會工作主任，投考行政主任回應題目的示例：

Within the capacity I assume as an Assistant Social Welfare Officer, my professional purview routinely intersects with a myriad of multifaceted governmental entities, engendering an intricate and nuanced interplay of intergovernmental synergies. This dynamic confluence affords me an intellectual panorama of profound perspicuity, catalyzing a comprehensive appreciation of the intricate tapestry underlying the bureaucratic labyrinth. Embedded within the crucible of these multidimensional interactions lies an indelible epiphany, wherein the quintessence of governmental ethos emerges as an apotheosis of cognitive acumen, orchestrating an exigent imperative for the assiduous cultivation of ratiocinative faculties, which are pivotal in orchestrating discerning, efficacious, and judicious determinations that pivot towards the amelioration of the communal weal.

Situating the discourse within the ambit delineated as policy facilitation, the overarching capacity to meticulously peruse, distill, and parse voluminous reservoirs of empirical data while concurrently elucidating incipient patterns, incongruities, or salient nodes of perturbation crystallizes as a cardinal linchpin. Analogous to this analytical paradigm is the modus operandi that percolates throughout my erstwhile involvement in the sphere of social welfare, a quintessential tenet of which resides in the iterative recalibration of stratagems, a process conjoined with the assimilation of community-derived insights and the adaptive mettle instilled through the crucible of emergent challenges.

Furthermore, the collective ethos emblematic of public service within the intricate tapestry of governmental operability resonates with a metaparadigm that exhibits a profound resonance with the tenets engrained within my formative background in social welfare. Each and every instance of public interlocution, plaintive discourse, or expository elucidation metamorphoses into a crucible pregnant with the potential for introspective introspection. Emanating from my cognizance, the prevailing doctrinaire underpinning the operational apparatus of governmental modality transmutes these intricate convolutions into more than mere quotidian tasks or palpable manifestations of disquietude, casting them instead as catalytic agents of perpetual transmutation and unending amelioration.

考官評語：The interviewee adeptly emphasizes his/her capacity to navigate the complexities of intergovernmental relationships, portraying his/her role as one that requires a nuanced understanding of bureaucratic dynamics. The interviewee's discussion of his/her involvement in the realm of social welfare showcases his/her dedication to iterative improvement. S/he emphasizes the recalibration of strategies, incorporation of community insights, and adaptation in response to emerging challenges. This attests to his/her proactive and flexible approach to his/her role.

Level 4 答案（政務主任適用）

當談到工作文化的理論時，有許多不同的觀點和框架可以考慮。以下是其中的10個形容工作文化的理論：

1. **霍桑效應（Hawthorne Effect）**：這個理論強調員工的工作表現受到他們受到的關注和關心程度影響，即使是一些非正式的關注也可能改變他們的行為。

2. **馬斯洛的需求層次理論（Maslow's Hierarchy of Needs）**：這個理論認為員工有一系列的需求，從基本的生理需求到自我實現的需求。一個良好的工作文化應該能夠滿足這些需求，從而激勵員工。

3. **麥格雷戈的XY理論（McGregor's Theory X and Theory Y）**：這個理論將管理者對待員工的態度分為兩種，分別是懷疑論（Theory X）和信任論（Theory Y）。懷疑論認為員工不喜歡工作，需要嚴格管理；信任論則認為員工有自主性和動機，可以自我管理。

4. **居住理論（Occupational Communities Theory）**：這個理論強調在工作場所中，員工通常會形成一個共同體，分享類似的價值觀和專業標準，從而影響工作文化。

5. **組織文化理論（Organizational Culture Theory）**：這個理論關注組織內部的共享價值觀、信念和行為模式。它認為這些因素能夠形塑組織的特點和獨特性。

6. **動機-衝突理論（Expectancy-Conflict Theory）**：這個理論強調員工的動機取決於他們期望的獎勵和可能的衝突。一個積極的工作文化應該能夠最大程度地減少動機和衝突之間的不一致性。

7. 納什均衡理論（Nash Equilibrium Theory）：這個理論主要應用於博弈論，但也可以解釋工作文化中的互動。它指出，當每個人都在考慮其他人的行為時做出自己的選擇，就會形成一種均衡狀態。

8. 社會交換理論（Social Exchange Theory）：這個理論認為人們在交換關係中會根據他們得到的回報來決定如何投入。在工作文化中，這意味著員工將根據他們從組織中獲得的回報來決定他們的投入程度。

9. 心理契約理論（Psychological Contract Theory）：這個理論強調員工和組織之間的非書面協議和期望，這些期望通常會影響員工的工作態度和行為。

10. 文化冰山理論（Cultural Iceberg Theory）：這個理論比喻組織文化就像冰山一樣，表面上看到的僅僅是一小部分，更深層的文化元素則存在於更深處。這些深層元素包括隱藏的價值觀、信念和假設，它們影響著工作環境和互動方式。

以下是第6點「Nash Equilibrium Theory」詳細描述的示例：

Hong Kong's working culture is highlighted in its balanced approach to decision-making, especially in areas like port development and environmental conservation. This is deeply ingrained in a collaborative decision-making framework, which is reminiscent of the Nash Equilibrium from game theory. In decisions related to port growth and environmental sustainability, this culture ensures that all involved parties not only prioritize their own objectives but also factor in those of others. This collective approach seeks to identify a solution where no party would gain an advantage by solely shifting its position, emphasizing the essence of consensus-building.

Take the Hong Kong-Zhuhai-Macao Bridge (HZMB) as a case in point. This undertaking required a multifaceted evaluation encompassing economic potential, environmental ramifications, and regional collaboration. Through the lens of the HZMB project, we see Hong Kong's inclination towards a strategy that places a premium on mutual collaboration and consensus. The essence of the Nash Equilibrium becomes evident as different entities, including the governments of Hong Kong, Macau, and mainland China, each brought their own interests to the table.

The Nash Equilibrium posits that no entity would be motivated to change its strategy as long as others maintain theirs. During the HZMB's planning and execution, this equilibrium became apparent as all stakeholders understood that a well-rounded strategy, balancing economic, environmental, and regional cooperation elements, was mutually beneficial.

If any entity were to solely advance its goals (e.g., focusing only on economic returns without heeding environmental implications), it might disrupt the harmonious alignment of interests across the board. Such a move might lead to adverse effects, like damaged reputation or tense inter-regional ties. Hence, by arriving at a mutual understanding and strategy, the stakeholders established a scenario akin to the Nash Equilibrium, where no single party would benefit from acting unilaterally.

This equilibrium seen during the HZMB's development exemplifies Hong Kong's working culture, emphasizing that cooperative decision-making typically results in outcomes that benefit all parties.

每當問及香港政府的工作文化是什麼，一般人通常會回答「專業」，但這種回答實際上缺乏實質準備。綜合考慮後，我將對幾位面試者進行評價。首先，前文的一位食物營養學的畢業生，他在回答有關香港政府工作文化的問題時，不斷強調自己的學科與政府的共通點，即對大數據的熱愛，他使用了「數據導向決策文化」等詞語來形容。這種先回答問題，然後再強調自己能夠配合政府的策略是很明智的做法。

至於那位社工，顯然是一位在國外學習多年，英文表達能力出色的個人，尤其最後一合casting them instead as catalytic agents: "casting" 這個詞選擇很精妙，這裡用來表達作者如何重新詮釋前文提到的 "intricate convolutions"（複雜的情況）。"catalytic agents" 則揭示了這些情況的角色，就像催化劑一樣，能夠引發持續的變化。至於 of perpetual transmutation and unending amelioration: 這部分強調了催化劑所引發的作用。"perpetual" 表示永久不變的，"transmutation" 指的是轉變或變化，"unending" 則表示不斷的，"amelioration" 意指改善。這些詞彙一起營造出一種深遠的效果，暗示著這些情況的影響將是持續的、不斷變化且不斷改善的。一般人通常無法像這樣流利地使用英文口語，所以大家不必學習。

談到最後的政務主任面試，近年來並未涉及此題，因此我無法提供具體實例。我僅以簡單的英文解釋了如何應用「Nash Equilibrium」，這是最為簡單且知名的博弈理論，相信幾乎所有大學生都有所了解。因此，我選擇以此解釋香港政府的工作文化。無論是否有管理背景，只要是大學畢業生，應該都曾接觸過「Nash Equilibrium」。若真的未曾讀過，我對於你擁有何種能力考取政務主任職位感到困惑，畢竟博弈理論幾乎是基本素養，哈。

開個玩笑，其實只要你買了這本書，就能提昇自身能力喔。

3.5 三強一弱

請介紹你三個強項、一個弱項，以及如何改善，是政府所有工種最常見的問法，包括其他政府職系如紀律部隊、一般職系等也都常見。

Level 1 答案（助理文書主任適用）

以下是五個可能的答案，你可以根據自己的情況進行調整：

答案 1：

強項：

創造力：我擅長從不同的角度思考問題，並提供創新的解決方案。

團隊合作：我善於與不同背景和專業的人合作，共同實現目標。

堅毅的學習能力：我對新知識和技能有很強的吸收和學習能力。

弱項及改善：

弱項：公共演講的緊張感。

改善：我已經在這方面進行了一些努力，比如參加公共演講的訓練課程。我會繼續積極參與這些機會，並不斷磨練我的演講技巧，以克服這個弱點。

答案 2：

強項：

優秀的溝通能力：我能夠清晰地傳達想法，並有效地與團隊合作。

自主管理：我能夠有組織地管理我的工作，確保按時完成任務。

解決問題的能力：我擅長分析複雜情況並找到最佳解決方案。

弱項及改善：

弱項：對細節的關注不足。

改善：我意識到這一點並已經開始尋找方法來改善。我會使用更多的檢查清單和組織工具，確保我不會錯過任何重要細節，並在工作中更加細心。

答案3：

強項：

領導能力：我善於激勵團隊成員，帶領他們達成共同目標。

快速學習：我能夠迅速理解新領域的知識並迅速應用。

優秀的時間管理：我能夠高效地分配時間，優先處理任務。

弱項及改善：

弱項：容易過度投入工作。

改善：我正在學習建立更好的工作和生活平衡，並確保不忽略自己的健康和個人需求。這包括定期的休息和放鬆，以確保我能夠持續保持高效率和動力。

答案4：

強項：

分析能力：我能夠深入分析問題，找出根本原因並提出解決方案。

團隊合作：我善於協調不同背景的人，實現協同效應。

耐心和毅力：我在面對困難時能夠堅持不懈，直至達成目標。

弱項及改善：

弱項：公共演講的自信心。

改善：我正積極參與公開演講的機會，透過練習和積極的反饋，逐漸提升自信。我也在學習相關的演講技巧，以便在未來能夠更加自信地演講。

答案5：

強項：

創新思維：我經常能夠提出獨特的想法，幫助團隊找到新的解決方案。

效率與組織能力：我能夠高效地處理多個任務，確保工作流程井然有序。

優秀的人際關係：我善於建立並維護與同事、客戶之間的良好關係。

弱項及改善：

弱項：細節管理方面有時不夠仔細。

改善：我正在學習如何更好地關注細節。我會使用提醒事項和檢查表來幫助我確保不會錯過重要的細節，並且會更加注意工作中的細微之處。

以下是第2點詳細描述的示例：

強項：

優秀的溝通能力：我相信溝通是有效團隊合作的基石。我能夠清晰地表達我的想法，同時也善於傾聽他人的觀點。這種溝通風格幫助我在團隊中建立良好的關係，確保大家在合作中保持一致。

自主管理：我非常重視有效的時間管理和任務分配。我習慣於為自己設定明確的目標，並確保按時完成工作。這種自主管理的方法讓我能夠在不需要持續監督的情況下保持高效率。

解決問題的能力：我認為解決問題是每個專業人士的關鍵能力。我喜歡分析複雜的情況，從多個角度思考，然後提出最佳解決方案。我相信這種能力在解決挑戰和達到目標時非常重要。

弱項及改善：

弱項：對細節的關注不足。

這點反映了我在一些情況下可能未能充分注意細節，這可能會導致一些錯誤或遺漏。然而，我正積極採取措施來改進這個弱點。

改善：我已經開始採取一些具體的步驟來改善細節管理。首先，我會使用更多的組織工具，例如待辦事項列表和日曆提醒，以確保我不會錯過任何關鍵的時間表或任務。其次，我會更加注重對細節的注意，並在工作中更加細心。我也會不斷反思和學習，以確保這個弱點不會影響我的工作效率和成果。通過這些努力，我相信我可以逐步改進細節管理，以便更好地達到工作目標。

Level 2 答案（其他專業職系適用）

答案1：

強項：

專業知識：在我之前的工作中，我不僅獲得了專業資格，而且經常接觸到最新的行業趨勢和發展。這使我能夠為組織提供有見地的建議並做出明智的決策。

項目管理：我成功地領導過多個跨部門的項目，確保在預算和時間內完成，並取得了預期的結果。

客戶關係管理：我擅長建立和維護與客戶的關係，確保他們的需求被滿足，同時為組織創造價值。

弱項及改善：

弱項：技術熟練度。雖然我在某些專業軟件使用上有所短缺，但我已經認識到這一點並開始改善。

改善：我已經開始參加相關的培訓和工作坊，以增強我的技能。這將使我更好地應對未來的工作挑戰並為組織創造更大的價值。

答案2：

強項：

決策能力：基於數據和事實做出決策一直是我的強項，這使我能夠為組織帶來具體的業務結果。

領導和培訓：我有能力激勵團隊成員、為他們提供培訓和發展機會，確保團隊持續成長。

策略規劃：我有能力根據市場動向和組織需求制定策略，確保組織的長期成功。

弱項及改善：

弱項：太過於完美主義。

改善：我正在學習如何更加實事求是，接受一切都可能不是完美的。我也在努力學會更好地平衡質量和效率，以確保項目的順利進行。

答案3：

強項：

商業意識：我深刻理解市場動態，能夠識別新的商業機會，並為組織創建價值。

危機管理：在面對挑戰和不確定性時，我能夠迅速應對，確保組織的持續運作。

創新思維：我總是在尋找新的方法和技術來改進業務流程，提高效率。

弱項及改善：

弱項：有時過於保守。

改善：為了增加自己的風險承擔能力，我正在學習更多關於風險管理的知識，以便更好地評估機會和挑戰，並做出最佳的決策。

以下是一個主修地理系剛畢業的學生，投考二級運輸主任，回應題目的示例：

- **深厚的地理知識**：地理學不僅僅是學習地球的表面特徵。它同時涵蓋了空間分析、地質結構、氣候變化等多方面的知識。我在大學期間研究了這些領域，這使我能夠更全面地理解運輸網絡的建設和規劃。
- **空間分析能力**：在地理系的學習過程中，我精通了使用GIS (地理資訊系統) 進行空間數據分析。這種能力可以幫助我更精確地分析運輸網絡的需求，找出潛在的問題並提供解決方案。
- **跨學科合作經驗**：地理系的學習經常需要與其他學科合作，如環境科學、都市規劃等。這讓我具備了跨部門合作的經驗，這對於運輸主任這一職位來說是非常有價值的。
- 由於我主要的學術背景在地理學，我對運輸工程和管理方面的知識相對較少。

■ 我深知這一弱點，因此已經開始自主學習運輸工程和管理的相關課程。同時，我也計劃報名參加相關的進修課程和工作坊，以加強我在這一領域的專業知識和技能。我相信，通過不斷的學習和實踐，我將能夠充分發揮我的地理學背景，為運輸部門做出更大的貢獻。

考官評語（不合格）：這位面試者的回答完全讓我失望。他/她只不過是在拿自己的地理知識來亂吹一通，與本職位的核心需求似乎沒有任何關聯。真的很難理解他/她為何認為地球表面特徵或是氣候變化和運輸網絡建設和規劃有什麼實質關係。

提到GIS的空間分析能力，也只是停留在口頭上，完全沒有具體的案例或實踐展現。最可笑的是，他/她竟然還承認自己在運輸工程和管理方面的知識匱乏，這不就是這個職位最核心的部分嗎？

他/她提到的自主學習和參加工作坊，我看更像是在找藉口，覆蓋自己的不足。面對這種半吊子的學術背景和不切實際的自大，我真的擔心他/她如何在運輸部門發揮所謂的「專業能力」。

Level 3 答案（行政主任適用）

以下是一個擁有大學學歷的機艙服務員，投考行政主任回應題目的示例：

■ Expertise in Advanced Customer Service: Just as a managerial position demands a comprehensive comprehension of human resource management, the role of a flight attendant requires a profound mastery of exceptional customer service. My adeptness in this domain equips me to effectively discern passengers' requirements, deliver top-tier services, and guarantee passengers' contentment throughout their flying journey. This competence harmonizes seamlessly with the executive role's mandate of overseeing interactions and cultivating positive encounters for a diverse array of stakeholders.

■ Crisis Management and Adaptive Proficiency: Analogous to the expectations placed upon an executive professional to deftly navigate high-pressure situations, the responsibilities of a flight attendant frequently encompass skillfully handling unforeseen circumstances. This adaptability empowers me to adeptly manage unexpected in-flight events, prioritizing the safety of passengers and crew members while promptly executing well-informed decisions. This attribute holds equal relevance in effectively managing multifaceted duties as an executive officer.

■ Efficient Team Collaboration and Communication: The imperative nature of collaborating with the flight crew mirrors the collaborative dynamics encountered by an executive officer across various organizational sectors. My seamless integration into diverse teams and my talent for cultivating a harmonious atmosphere stand as pivotal assets in achieving collective goals. This aptitude for lucid communication and cohesive teamwork closely corresponds with the executive role's imperative for cross-functional synchronization and proficient exchange of information.

■ Restricted Multilingual Proficiency: While I demonstrate proficiency in primary languages, I duly recognize that within the aviation industry and executive realms, adept communication with individuals from diverse backgrounds holds paramount importance. I acknowledge the limitations in my current multilingual capabilities and am fervently committed to proactively enhancing my language skills. I am actively engaged in a dedicated learning trajectory coupled with hands-on application to bridge this linguistic gap, thereby ensuring my enhanced ability to engage with individuals from multicultural backgrounds and provide elevated levels of service. Conceding this room for improvement, I am rigorously taking preemptive measures to catalyze growth within this sphere.

考官評語：Efficient collaboration within diverse teams and effective communication skills are essential attributes for success in governmental administrative work, and the candidate has showcased excellence in these areas. Government agencies typically comprise multiple departments and stakeholders, highlighting the importance of collaboration across various levels and the ability to foster harmonious interactions. While acknowledging limitations in multilingual proficiency, the candidate's proactive commitment to enhance their language skills reflects their dedication to thriving in a multicultural environment, a valuable trait for government roles that involve interactions with diverse communities.

Level 4 答案（政務主任適用）

檢討自己的強項和弱項是自我成長的重要一環，它可以幫助你更清楚地了解自己，從而制定更有效的目標和計劃。以下是三個常用的理論和方法，可以幫助你進行這樣的自我檢討：

- **自我效能理論**：由心理學家阿爾伯特·班達拉提出的，它探討了人們對於自己能否有效完成特定任務的信心程度。這種信心影響了一個人是否會嘗試新的挑戰、如何處理困難情況以及是否會堅持努力。自我效能感是一種自信，它基於過去的經驗、觀察他人的表現以及個人對自己能力的評價。例如，如果你對某項任務具有高自我效能感，你會更有可能克服困難，保持積極的態度並堅持下去。相反，如果你對自己在某領域的能力缺乏信心，你可能會選擇避免挑戰或在遇到困難時放棄。通過提升自我效能感，你可以更好地發揮自己的強項，同時減少弱項對你的影響。

- **特點定向理論**：由心理學家馬丁·塞利格曼提出的，它強調個體應該專注於發展和利用自己的強項，而不是過分關注改進弱項。這種思維方式鼓勵你專注於你已經擅長的領域，並尋找機會來應用這些優點。通過特點定向，你可以更有效地運用你的獨特特質和能力，進一步發展你已經具備的優勢，並在這些領域取得更大的成就。這不僅有助於提升個人自信，還可以為你帶來更多的滿足感和成功。

- **成長定向思維**：是一個持續的成長過程，而不僅僅是依賴固有的才能。這種思維方式鼓勵你透過挑戰、學習和不斷的努力來發展自己的能力。你會看到錯誤和失敗作為學習的機會，並從中獲得更多的經驗和洞察力。透過成長定向思維，你能夠更好地處理挑戰和困難，並在這個過程中逐步提升你的強項，同時改進弱項。這種思維方式促使你持續進步，並在個人和職業生涯中取得更大的成功。

以下是三個改善自己弱項的理論，這些理論可以幫助你發展和成長：

- **瑞克特的成長型心智理論（Growth Mindset Theory）**：這個理論由卡羅爾·瑞克特（Carol Dweck）教授提出，強調人們的信念和態度對於學習和成長的影響。成長型心智的人相信基本能力可以透過努力和學習來發展，他們對於挑戰和失敗持正向態度，視之為學習的機會。要改善自己的弱點，你可以透過培養成長型心智，意識到努力和學習是成長的關鍵，並且勇於面對挑戰，不怕失敗。

- SWOT分析（Strengths, Weaknesses, Opportunities, Threats）：SWOT分析是一個常用的自我評估工具，用於評估個人或組織的優勢、劣勢、機會和威脅。這種方法有助於你深入了解自己的弱點是什麼，並找出可能的機會來加以改進。通過強調你的優勢來克服弱點，並運用外部機會來彌補不足，你可以建立一個更全面的發展計劃。

- 達成目標的SMART原則：SMART是一個目標設定的指導原則，它表示「具體的」（Specific）、「可衡量的」（Measurable）、「可達成的」（Achievable）、「有關聯性的」（Relevant）和「有時限的」（Time-bound）。將這些原則應用到改善弱點的目標上，可以幫助你確定明確的目標，並提供一個結構化的方法來實現這些目標。例如，你可以將改善弱點的目標細化成可量化的步驟，並確定完成這些步驟的時間框架。

以下是一些示例：

Thank you for giving me the opportunity. Here's how I've practically applied various theories to amplify my strengths and address areas of growth, especially in the context of roles like those in the public administration sector.

- High Self-efficacy: Drawing from Bandura's self-efficacy theory, I have consistently believed in my ability to execute complex tasks. At Man Dor Dor Company, I was once tasked with formulating a policy proposal in response to emerging public needs. Although it was uncharted territory, I leaned on past successes and used them as a reference. I initiated community engagement sessions, gauging public sentiment and integrating it into our policy framework. Despite the challenges, the final proposal was well-received and is testament to my self-efficacy in policy formulation.

- Strength Orientation: Using Seligman's Character Strength Theory, I realized my inherent strength in understanding public sentiment. At Man Dor Dor Company, I once initiated a 'Community Voices' forum to better engage with the local community. Not only did this platform provide valuable feedback, but it also strengthened the bond between the company and the public.

- Growth-Oriented Mindset: When a challenge arises, I view it as an opportunity to grow. At Man Dor Dor Company, I once had to mediate between two departments with divergent views. Without prior experience, I treated this as a learning opportunity. I arranged inter-departmental workshops, actively seeking feedback, and we eventually found common ground, benefiting both departments.

■ I recognize my inclination towards big-picture thinking sometimes means I might miss the nuances. At Man Dor Dor Company, while planning a major community outreach event, I initially overlooked certain logistical details, leading to last-minute adjustments.

■ To counteract this, inspired by Dweck's Growth Mindset Theory, I started setting aside dedicated 'Review Hours' in my projects where I only focus on nitty-gritty details.

■ Then, applying the SWOT Analysis, I identified that while I am great at strategizing, I needed a system for detail management. I partnered with colleagues known for their meticulousness, and together, we implemented a dual-review system, ensuring both macro and micro perspectives were considered.

■ Lastly, by using the SMART principle, I've set an ongoing goal for myself: To attend a workshop or course every quarter that focuses on detail-oriented tasks or project management. For instance, after attending a 'Detail Mastery' workshop last month, I've introduced a checklist system for all our major projects at Man Dor Dor Company, ensuring no detail is overlooked.

■ Considering the multifaceted roles within the public administration sector, from policy formulation to being the government's frontline representatives, I am confident that my real-world application of these theories will serve me well in the role. Thank you for your consideration.

政務主任面試近年來並未涉及此題,因此我無法提供具體實例。然而,這些詞句您應學習:

以下是一些公共行政概念,以及它們的中文解釋:

■ **政策提案 (Policy Proposal)**:針對某一議題或需求提出的官方建議或計劃。

■ **社區參與 (Community Engagement)**:公共機構與社區成員之間的互動,以便更好地了解和滿足其需求。

- **公共情感 (Public Sentiment)**：公眾對特定議題或政策的感受或態度。
- **部門調解 (Inter-departmental Mediation)**：在不同部門之間協調，以解決意見或策略上的分歧。
- **策略定向 (Strategizing)**：制定或計劃長期目標和計劃的過程。
- **詳細管理 (Detail Management)**：專注於組織的微小細節和運作的過程。
- **項目管理 (Project Management)**：計劃、組織和管理資源以完成特定的項目目標。
- **社區外展 (Community Outreach)**：向社區提供資源或服務，以建立更強的關係和信任。
- **自我效能 (Self-efficacy)**：個人相信自己有能力完成特定任務的信念。
- **宏觀和微觀觀點 (Macro and Micro Perspectives)**：考慮問題或議題時，同時從整體和細節的角度進行分析。

我最討厭的情況是在「三強一弱」的提問下，考生嘗試在回應中暗示其弱點實際上代表著你的優點。例如，過度專注於工作而忽略了家庭或健康等方面，這些是很差的回答。

在之前提到的回答中，我最不喜歡地理系畢業生的那個。他聲稱將報讀課程來提升自己對香港運輸系統的理解，但顯然這是胡說八道。考官肯定會追問他報讀了哪些課程、在哪個機構學習、學了什麼，這樣考生的虛假言辭就會被識破。

相反，針對空少/空姐應徵行政主任職位的回答卻非常優秀。他提到自己不懂多國語言，需要不斷學習。確實，在任何地方工作，懂多種語言都是一種有用的技能。但考官不太可能揭穿他的報讀課程是否屬於虛假言辭，因為空少/空姐確實需要掌握多國語言，至少在前往不同國家時都會學習一些。

至於政務主任的回答，與之前提到的情況相似，他們根據政務主任的職責寫出了自己的優勢和弱點。然而，政務主任的回答更多地運用了理論知識。最令我欣賞的是，他們提出了改善方法，而這與大多數人選擇報讀課程的傳統方法不同。政務主任的回答提出了應用不同理論來克服自己的弱點，這正是香港精英階層應有的回答風格。

Chapter **04**
管理題

4.1 管理題 - 面試要求

管理問題有既定的答案，不應該隨意胡亂地虛偽宣揚。這裡的管理不僅僅指管理下屬，還包括管理自己以及管理利益相關者，例如市民甚至政府形象（公關）。對上司期望的管理也被視為一種管理。

對於那些未閱讀過這本書的人來說，他們在網上亂花錢購買，或者花數百至數千元購買坊間的資料，很可能不了解這個理論。或許你的導師是在閱讀了我的這本書後，才開始教導你相關的內容。如果你不相信，可以對比他/她的教材和我的這本書的內容差異。試看看50個示例：

1. 某項重要文件遺失，可能影響到市民信任。您將如何追踪和解決？

2. 有員工在會議中過於直言不諱，傷害到他人感情。如何教育這名員工同時保護團隊的和諧？

3. 您發現一個優秀的團隊成員準備離職，如何挽留？

4. 團隊內存在陰陽奧，影響到工作氛圍。您會如何應對？

5. 一名員工無法完成指定的任務，但他不願意承認。您會如何解決？

6. 有市民抱怨我們的服務態度，如何修復市民關係？

7. 項目期限接近，但仍有大量工作未完成。您將如何重新分配資源？

8. 某成員常常加班，可能影響其健康和家庭。您會怎麼輔導？

9. 兩個部門對同一資源產生爭奪，如何確定優先順序？

10. 一名新入職的員工難以融入團隊，您會如何幫助他？

11. 市民要求超出合同範疇的服務，如何應對？

12. 一名員工在社交媒體上發表了對公務員不利的言論。您將如何處理？

13. 一部分團隊成員反對新的工作流程。如何推進改變？

14. 您發現供應商質量下降,影響生產。如何應對?

15. 團隊成員在項目上出現分歧,如何確定最佳方向?

16. 某部門預算超支,如何進行調整?

17. 員工之間的私人糾紛影響到工作。您將如何調解?

18. 市民對項目結果不滿意,要求重新制定。您將如何應對?

19. 一些國際性組織如聯合國、世界貿易組織等可能在全球層面與香港政府形成競爭關係,您將如何回應?

20. 一名員工長時間不請假,如何關心其情況?

21. 團隊因缺乏技能而無法完成任務,您會如何應對?

22. 公務員即將進行重組,員工情緒低落。如何提振士氣?

23. 市民持續延遲付款,如何確保資金流?

24. 團隊成員對上司決策表示不信任,如何建立信任?

25. 某項技術出現故障,可能延遲項目。您會如何解決?

26. 一名員工違反公務員規章,如何給予處罰?

27. 需要加強團隊建設,您會如何策劃?

28. 員工對公務員福利不滿意,如何調整?

29. 市民數據洩漏,如何修復形象?

30. 部門之間存在利益衝突,如何協同工作?

31. 員工對工作環境表示不滿,您會如何改善?

32. 某項政策對公務員產生負面影響,如何應對?

33. 團隊成員對待市民態度冷淡,如何教育?

34. 需要改進員工的技能培訓，如何制定計劃？

35. 公務員遭受網路攻擊，資料遭到竊取。如何應對？

36. 市民對我們的價格策略提出質疑，如何回應？

37. 一名重要員工請長假，如何確保部門運作？

38. 員工對公務員文化感到疏遠，如何強化？

39. 有員工反應上司存在權力濫用情況，如何處理？

40. 市民要求緊急更改項目內容，如何調整？

41. 員工對新的績效評估系統反應強烈，如何解釋？

42. 有團隊成員抱怨工資不公，如何平衡？

43. 公務員新政策可能對某部門產生不利影響，如何溝通？

44. 市民對我們的服務質量提出質疑，如何確保？

45. 員工對新上任的主管存在抵抗情緒，如何協調？

46. 公務員需要緊縮開支，如何確保核心運作？

47. 員工在公開場合發表對公務員不利的評論，如何處理？

48. 項目出現巨大風險，可能導致損失。如何控制？

49. 員工對公務員的未來發展感到不安，如何安撫？

50. 兩個關鍵的合作夥伴存在分歧，可能影響合作。您將如何協調？

一般題目不限於這50類型，至於怎樣分類不是重點，重點是如何答到政府的要求。您會在這本書中看到一個重要的環節就是「追問」。在這裡，必須明確地表述，追問的目的是要判斷面試者是否理解多套管理理論。舉例來說，假設一個下屬經常遲到，你會如何處理？追問的問題是，在你處理之後，情況沒有改善，你會怎麼辦？

這涉及兩套管理理論，第一是如何處理下屬違反公務員工作時間的情況，第二是你的措施沒有奏效，應該如何處理這種情況。

一旦了解了這兩套理論，當然就能應對其他問題，例如辦公室衛生間經常出現不衛生的情況，下屬的工作表現不如預期，下屬常在辦公時使用手機等等。要應付這類問題及其追問，追問的重點在於，經過你的處理後情況沒有改善，你會怎麼辦？所有這些問題都有相應的理論可以參考，重點是你要能夠清楚地回答這些理論，包括追問部分。

4.2 管理下屬

面試題目：若你有下屬因家人入院，要求彈性上班時間，你是否接受？

Level 1 答案（助理文書主任適用）

當然，我會考慮並盡量滿足下屬的請求，以支持他們處理家庭事務。我會全力支持下屬的需求，協助他們平衡家庭和工作。在這種情況下，我會與下屬充分溝通，找到最適合他們和團隊的解決方案。我會與下屬合作，確保他們的需求得到尊重和適當處理。對於員工的個人情況，我會始終保持尊重和保密。

我將與下屬討論，找到一個既能兼顧工作又能應付家庭情況的工作時間安排。鑒於下屬的情況，我會提供一些彈性的工作時間選擇。在 足下屬需求的同 ，我 遵守相關的公務員政策。我會考慮是否能夠安排其他團隊成員協助下屬，確保工作任務順利完成。我會定期評估工作安排，確保滿足下屬的需求，同時保持團隊的高效運作。

追問：當其他下屬得知你批准了某個員工的申請後，開始以各種理由申請彈性工作時間，你應該如何處理？

在處理下屬的彈性工作時間申請時，我會採取以下措施：

■ **明確標準與條件**：我會確保所有申請彈性工作時間的員工了解申請的標準和條件。這可以包括需要提前多久提交申請、需要提供何種理由等。

- **公平和一致性**：我會確保在處理申請時公平和一致，避免偏袒某些員工。所有員工都應該受到相同的對待，遵循相同的標準。

- **個案評估**：針對每一個申請，我會進行個案評估。我會認真考慮員工提出的理由，盡可能理解他們的情況，並在滿足團隊和政府的需求的前提下，作出決定。

- **溝通與解釋**：如果有申請被拒絕，我會與員工進行溝通，並解釋拒絕的原因。我會儘量提供明確的解釋，讓員工理解決策的合理性。

- **尋找折衷方案**：如果某些員工的申請無法完全批准，我會嘗試尋找可能的折衷方案。這可能包括調整工作時間、提供 時的特殊安排等。

- **監督與反饋**：一旦批准了某個員工的彈性工作時間申請，我會密切監督他們的工作情況，確保工作質量不受影響。我還會定期與他們進行反饋，確保安排是可行且適合的。

- **定期評估**：彈性工作時間的安排應該是可調整的。我會定期與員工溝通，評估安排是否仍然適用，是否需要進行調整。

總之，處理彈性工作時間申請時，我會保持公平、透明和靈活的原則，以確保員工的需求得到平衡滿足，同時保持團隊和政府的高效運作。

Level 2 答案（其他專業職系適用）

上述的答案只適用於不要求大學學歷的政府工作，但若將這些答案用於大學生，可能會面臨困難。這是因為這樣做可能會產生先例，導致政府內部出現混亂，這可能會對其運作造成不利影響。試看以下答案：

我們理解您的需求，雖然我們目前無法完全批准彈性工作時間的申請，但我們願意提供一些其他的解決方案，以幫助您平衡家庭和工作。以下是一些可能的選項：

- **諮詢支持**：我們可以提供專業的諮詢支持，以幫助您更好地管理工作和家庭之間的平衡，這可能包括時間管理技巧和情緒管理方法。

- **彈性休假安排**：我們可以考慮在特定時期提供彈性的休假安排，讓您有更多的時間處理家庭事務。

■ **彈性假期使用**：我們可以探討如何更好地使用您的年假或其他特殊假期，以便您可以在需要時較長時間地照顧家庭成員。

■ **臨時特殊安排**：如果您的家庭情況需要，我們可以在特殊情況下提供臨時的特殊安排，以支持您度過難關。

■ **工作交換或協助**：如果有同事願意幫助，我們可以考慮工作交換或協助安排，以減輕您的負擔，讓您更容易應對家庭事務。

■ **遞延工作安排**：如果有一些工作可以遞延到稍後處理，我們可以協助您重新安排工作優先順序，以便您能夠首先應對家庭情況。

■ **家庭支援資源**：我們可以提供有關家庭支援資源的建議，例如可以獲得哪些社區服務、醫療援助或心理健康支持，以幫助您處理家庭事務。

追問：在剛才的談話中，您提到了工作交換或協助的情況，但卻遇到了同事不願意幫助的情況。這問您如何處理？

當您面臨同事不願意幫助的情況時，以下是一些可能的解決方法：

■ **建立開放溝通**：請找機會坐下來與相關同事進行坦誠的對話。了解他們為何不願意協助，可能是因為忙碌、資源不足或其他原因。這有助於消除誤解並找到共同的解決方案。

■ **明確期望和目標**：確保在工作交換或協助的情況下，對於任務和目標有明確的定義。這可以幫助同事理解他們的角色和責任，減少不確定性和抵觸情緒。

■ **分享成功故事**：與同事分享成功的協作案例，強調團隊合作如何改善工作效率、促進專業成長。這可能激發他們參與協助的積極性。

■ **建立互惠關係**：提供回報，例如分享您自己的專業知識或資源，以交換同事的幫助。這種互惠關係可能有助於促進合作和協助。

■ **尋找共同利益**：找到與同事有共同利益的項目或目標，並從這些角度開始協作。這能夠增加同事參與的動機。

■ **主管角色的參與**：如果有必要，請主管介入，強調團隊合作的重要性，並提供支援來解決協助方面的問題。

■ **建立協作文化**：積極鼓勵團隊成員之間的合作和協助，將協作視為團隊文化的一部分。

- **處理可能的矛盾**：如果同事之間存在矛盾，嘗試協助解決這些矛盾，以創建一個更和諧的工作環境。

- **提供支援和培訓**：有時，同事可能因為缺乏信心或能力而不願意協助。提供所需的支援和培訓，幫助他們感到更有把握。

總之，解決同事不願意幫助的問題需要耐心、溝通和建立合作關係的努力。通過明確的溝通和共同的目標，您可以促進正向的合作氛圍，使團隊成員更願意互相協助。

Level 3 答案（行政主任適用）

Level 1 答案的不合理之處主要在於缺乏具體性、實際可行性和針對性，以及未充分考慮到可能的問題和限制，使得回答在解決問題的能力和深度上顯得不足。Level 2 答案雖然提供了一系列解決方案，但由於這些解決方案的可行性、政府政策的考慮以及缺乏具體情境的支持，使得回答看起來不夠實際和具體，可能不符合面試官對於行政主任在解決問題和分析情境的期望。試看以下答案：

身為行政主任，我深知處理彈性工作時間申請的重要性和敏感性，特別是在複雜的組織環境中。我的回應將以政府政策、實際運作情況和個別員工需求為基準，提供以下整理：

- **確認政策和程序**：我會首先確保了解政府的政策和程序。我會遵循政府政策的框架，確保對待每位員工都公平、一致和透明。

- **收集詳細資訊**：對於彈性工作時間的申請，我會需要更多的資訊。這可能包括家庭狀況、照顧需求和所需的時間長度等。這些資訊將有助於我評估申請對政府運作的影響和可行性。

- **與相關方討論**：我會與相關的部門領導或團隊領導進行討論。這有助於確保業務連續運作，並在必要時找到解決方案。

- **制定計劃**： 如果我決定批准申請，我會制定清晰的計劃。這將包括彈性工作時間的安排、必要的調整，以及確保工作質量和效率不受損的方法。

- **相同流程處理其他申請**：如果其他員工提出類似的申請，我會按照相同的流程處理，確保每次決策都是基於事實和組織整體利益的。

■ **應對不合作態度**：面對同事不願意協助的情況，我認為政府應制定相關的政策和培訓，促進團隊合作和支持的文化。

總之，作為行政主任，我將強調政策遵循、基於事實的決策和組織整體利益，以確保彈性工作時間申請得到妥善處理。

追問：那究竟你批准還是不批准？

基於我所擁有的資訊，以及考量政府政策、組織運作和個人需求，我的答案是：如果該員工的情況真的很特殊，且此調整不會對整體業務運作帶來過大的衝擊，我會考慮批准彈性工作時間的申請。但這需要在詳細評估整個情境、獲得所有相關資訊後才能做出決策。我也會定期檢視此安排以確保其可持續性和對組織的影響。如果在實際執行中出現問題，我會及時調整策略。

追問：什麼是情況真的很特殊？

「情況真的很特殊」通常指的是那些不常見、非一般情境下會遇到的狀況。例如，員工的家庭成員遭受了嚴重事故，需要長時間的照顧，或是遭遇了不可預期的天災如水災導致家園受損等。

追問：如何衡量整體業務運作帶來過大的衝擊？

■ **工作量影響**：例如，該員工是否持有關鍵角色或任務，其缺席是否會導致工作停擺或延遲？

■ **人力資源**：政府是否有足夠的替代人選來暫時接替該員工的職責？

■ **時間因素**：彈性工作時間的長度是短期還是長期？長期的話是否會對業務產生持續性的影響？

■ **財務影響**：是否會增加政府的運作成本或損失潛在的營收？

追問：獲得所有相關資訊 即是什麼？

■ 員工申請的具體原因及背景資料。

- 彈性工作時間的具體需求,例如需要多長時間、何時開始等。
- 該員工的工作職責、目前的工作進度和任務重要性。
- 是否有其他同事或部門也有類似的申請。
- 該員工的過去工作表現和對團隊的貢獻。

追問:如果在實際執行中出現問題,如何調整策略?

- **重新評估資源分配**:例如,暫時調動其他員工來分享工作負擔。
- **與員工再次溝通**:了解員工的實際需求,看是否可以在彈性時間上作進一步的調整。
- **提供外部支援**:如臨時非合約員工(俗稱N仔)來協助完成某些任務。
- **重新定義期望值和目標**:與團隊共同設定在特定情境下的新目標和工作範疇。
- **持續監測和回饋**:定期評估調整後的策略是否有效,根據情況持續微調。

Level 4 答案(政務主任適用)

當談到管理下屬的理論時,有許多不同的方法和觀點。以下是十個常見的管理理論,供您參考:

- **科學管理理論(Scientific Management)**:由弗雷德里克·泰勒提出,強調通過分析工作流程和制定標準程序,來提高生產力和效率。
- **人類關係理論(Human Relations Theory)**:強調在工作場所建立良好的人際關係,認為員工的情感需求和合作是提高生產力的關鍵。
- **X-Y 理論(Theory X and Theory Y)**:由道格拉斯·麥奎格提出,描述了兩種不同的管理觀點,Theory X 認為員工不喜歡工作並需要嚴格控制,而Theory Y 則認為員工有自我激勵的內在動力。
- **參與式管理理論(Participative Management)**:強調員工的參與和意見,在決策過程中有更大的參與度,這有助於提高員工的參與感和承諾。
- **轉型領導理論(Transformational Leadership)**:關注激發員工的熱情和創造力,通過展示規劃和願景來引導他們,從而達到組織的目標。
- **情境領導理論(Situational Leadership)**:強調領導風格應根據特定情境和員工的能力而變化,以達到最佳效果。

- **效能領導理論（Transactional Leadership）**：強調通過交換激勵，如獎勵和懲罰，來實現組織目標。
- **服務型領導理論（Servant Leadership）**：強調領導者的角色是服務和支持團隊成員，幫助他們實現個人和團隊目標。
- **正向心理學在管理中的應用（Positive Psychology in Management）**：利用正向心理學的原則，鼓勵員工的個人成長、幸福感和積極心態，以提高工作表現。
- **系統性管理理論（Systems Management）**：將組織視為相互關聯的部分，強調整體的運作和互動，並致力於優化整體效能。

以下是投考政務主任回應題目的英文示例：

When faced with this scenario, I would approach it by drawing upon the principles of both the "Participative Management Theory" and the "Situational Leadership Theory."

Embracing the tenets of "Participative Management Theory," I would recognize the significance of valuing the input and perspectives of employees. In the case of an employee seeking flexible working hours due to a family member's hospitalization, my response would involve initiating an open and collaborative dialogue. By inviting the employee to share their needs and suggestions, I would demonstrate my commitment to involving them in the decision-making process. This approach not only empowers the employee but also fosters a sense of trust and camaraderie within the workplace. Through such inclusive communication, the employee would feel acknowledged, and we could jointly explore viable solutions that accommodate their personal situation while balancing work requirements.

Concurrently, adhering to the principles of the "Situational Leadership Theory," I would take into consideration the unique context of the family member's hospitalization. Recognizing the emotional strain and potential disruptions caused by such circumstances, I would adopt a compassionate and adaptable approach. By evaluating the urgency and priority of tasks, I would facilitate an environment where the employee feels supported in managing their familial responsibilities. This might involve adjusting their workload, redistributing tasks among the team, or providing additional resources to alleviate any undue burden. Such tailored support not only demonstrates empathy towards the employee's situation but also underscores the importance of adapting leadership strategies based on the individual needs of team members.

Follow-up question: You mention custom-tailored support. How could the government have such vast resources? What about the emotions of other employees? What about a scarcity of resources? How do you make a decision?

Incorporating both servant leadership and systems management theories, leaders navigate the challenges of providing unique tailored support by prioritizing employee well-being, considering the broader organizational context, and making informed decisions that promote a supportive work environment.

- Resource Allocation (Servant Leadership Theory): leaders prioritize the well-being of their team members. This means assessing available resources with the intention of allocating them in a way that supports employees during challenging situations. By demonstrating a commitment to their team's needs, leaders enhance trust and foster a culture of support.

- Feelings of Other Employees (Systems Management Theory): Open communication becomes essential to convey the organization's commitment to fairness and equity. By addressing concerns transparently and involving the team in discussions, leaders maintain the balance between individualized support and team cohesion.

- Lack of Resources (Servant Leadership Theory): This might involve collaborating with employees to find cost-effective alternatives or leveraging existing support systems within the organization.

- Judgment (Systems Management Theory): Understanding the interconnected nature of employee well-being and organizational effectiveness, leaders evaluate the potential outcomes of their decisions. They weigh factors such as the impact on individual employees, team dynamics, and overall productivity.

在面對下屬的各種要求時（請參考下表），無論是接受還是拒絕，都可以得分，關鍵在於陳述接受或拒絕的原因。從行政主任的回答可以看出，決定的關鍵在於收集更多的信息，以及情況是否特殊。考官預先準備了追問，包括需要哪些信息、什麼是特殊情況，以及您是否有衡量特殊情況的標準。

至於追問的重點是，不論面對何種要求，都會引起其他下屬的反應，例如模仿行為、認為不公平等。這時就需要運用其他理論，強調領導者的角色。第一個問題是關於衡量下屬要求的理論，而追問則涉及到領導者的角色理論，兩者是不同的。從政務主任的答案中，可以看出他的理論取向。

當然，這些理論可能比較深奧。您可以使用一般高中學生常用的X-Y理論、科學管理理論等。本章也簡單介紹了這些理論，即使不是修讀管理專業，高中生也會學習。畢竟您已經是大學畢業生了，如果沒有接觸過這些理論，可能沒有在大學學生組織中擔任重要角色。想要提升自己的經驗以進入香港精英政務主任階層，購買這本書慢慢研讀也是一個辦法。

以下是十個類似的問題：

1. 如果一位下屬要求更多的培訓和專業發展機會，你會如何支持他們？

2. 如果有下屬提出想要參與特定專案，但這可能超出他們現有的工作範疇，你會考慮這個要求嗎？

3. 當一名下屬因工作量過大而感到壓力時，你會如何幫助他們處理這種情況？

4. 如果一位下屬要求更多的自主權和決策權，你會如何平衡這種需求？

5. 如果有下屬提出希望遠程工作的請求，你會如何評估這個選項的可行性？

6. 如果一位下屬想要在工作中嘗試新的角色，你如何支持他們的這個願望？

7. 如果有下屬表達出對團隊目標不清楚的困惑，你會採取什麼措施來解決這個情況？

8. 當一名下屬要求更多的反饋和評估，你如何滿足他們的需求？

9. 如果有下屬對團隊內部的合作方式提出建議，你會如何處理這個提議？

10. 假如一位下屬提出想要在專案中與特定同事合作，而不是傳統的團隊組合，你會考慮這個要求嗎？

4.3 管理上司

題目：如果辦公室只有一間海景房，但有三個同級上司，你該如何分配他們的辦公室？

在管理層面，對於上司的期望是一個被許多考生忽視但經常被提問的議題。這是因為上司的要求往往具有一定的難以預測性，就像我們從阿乜的案例中可以體會到的。起初，我本打算提出這樣一個問題：「如果你的兩位上司在同一時間給你分配工作並要求立即完成，你會先處理哪一份？」然而，由於這個問題已經被廣泛討論，而且我打算在最後一章的「Killer questions」中提到它，因此我選擇了設計這道題目。

Level 1 答案（助理文書主任適用）

- **效能優先：** 將辦公室分配給最能夠在這個環境下高效工作的同級上司。
- **時間分割：** 按照一天分割成不同時間段，讓每位同級上司都有機會在向海的辦公室工作。
- **專案輪替：** 每個專案進行時，將該專案的領導者分配到向海的辦公室，以提高專案效率。
- **團隊獎勵：** 讓同級上司作為一個團隊共同完成目標，達成時大家一起分享向海的辦公室。
- **交換制度：** 定期進行辦公室交換，讓三位同級上司都有機會體驗向海的辦公環境。
- **創意挑戰：** 舉行一次創意比賽，得獎者有機會使用向海的辦公室，鼓勵大家積極參與。
- **能力匹配：** 根據每位同級上司的專業能力和需求，將向海的辦公室分配給最適合的人。
- **專注任務：** 將向海的辦公室作為專注工作和重要任務的環境，讓每位同級上司都能充分利用。
- **優先輪班：** 根據每位同級上司的優先事項，安排他們在重要時期能夠使用向海的辦公室。

- **週期輪換：** 每個工作週期結束後進行辦公室輪換，確保每人都能平等分享向海的機會。

追問：請詳述效能優先這個方案。

- **工作成效：** 考慮每位同級上司在過去的工作表現，優先分配辦公室給那些表現優秀、能夠高效完成任務的人。
- **領導能力：** 考慮每位上司的領導能力和管理才能。如果有人在過去展現出卓越的領導能力，他們可能更適合在海景辦公室中處理重要事務。
- **時間管理：** 考察每位上司的時間管理能力，看誰更擅長合理分配時間來處理重要工作，這在一個高效的環境中尤其重要。
- **創新思維：** 考慮誰能夠提出新的創意和解決方案。在海景辦公室中工作可能有助於激發創新思維，所以這方面的能力也值得考慮。

Level 2 答案（其他專業職系適用）

上述答案僅適用於不要求大學學歷的政府工作。這些答案都是基於特定標準做出決定的。例如，輪流使用是為了實現公平性，而工作效率則是為了評估績效。這就像將學校管理小學生的方法套用到上級管理中。總體而言，上述提供的10個答案存在許多錯誤和遺漏。

以下是五個更優的示例答案：

- **共享空間策略：** 把海景辦公室作為一個共享的會議或休息室，這樣每個上司都可以在需要的時候使用這個空間，例如進行重要的客戶會議、思考或放鬆。這樣可以避免讓其中任何一位上司覺得受到冷落，同時也使所有上司都能從這個優美的環境中受益。
- **需求主導分配：** 根據每位上司在某段時間內的工作需求或壓力程度來分配辦公室。例如，如果其中一位上司正在負責一個特定的大型專案，或面對特別高的工作壓力，那他或她可能更需要一個可以放鬆和專注的空間。
- **彈性辦公策略：** 給予每位上司自由選擇他們想要在何時使用海景辦公室的權利。他們可以根據自己的日程或工作需求來預約使用時間，確保每位上司都能在需要的時候使用該空間。

■ **競爭策略**：設定一些工作上的目標或挑戰，那些能夠達成或超越這些目標的上司將獲得在一段時間內使用海景辦公室的權利。這不僅激勵上司提高自己的工作效率，還能讓他們更珍惜使用該辦公室的時間。

■ **隨機分配**：避免任何主觀判斷或偏見，每個月或每個季度可以進行抽籤，決定誰可以使用海景辦公室。這樣可以確保每位上司都有公平的機會，同時避免了可能的內部爭議。

Level 3 答案（行政主任適用）

Level 1 和 Level 2 的答案都有其獨特的觀點和考量，但Level 2 更加深入、具策略性和適用於較高層或專業的職位。讓我依序解釋這三點：

其策略更加靈活，專注於因應不同的工作環境和文化。

■ **靈活性**：Level 2 的策略不是單一固定的方式，而是提供多種可能的解決方案，這些方案可以根據不同的情況進行調整。例如，「需求主導分配」允許在不同時期根據每位上司的工作需求分配辦公室。

■ **工作環境和文化**：不同的部門或部門會有其特殊的工作文化和環境，某些策略在某個環境中可能效果很好，但在另一個環境中就不適用。Level 2 的策略考慮這種差異，希望能在各種情況下都提供有效的解決方案。

Level 2 則是較多地考慮上司的工作需求、壓力、以及如何激勵和獎勵他們的工作表現。

■ **工作需求**：Level 2 的策略如「需求主導分配」明確考慮到每位上司在特定時間的工作需求，確保資源（在此為海景辦公室）能夠有效地使用。

■ **壓力**：高層主管往往面對較大的工作壓力。提供他們一個良好的工作環境可以幫助他們放鬆和重新聚焦。

■ **激勵和獎勵**：例如「競爭策略」，設定目標並獎勵那些達成目標的上司使用海景辦公室，這種策略可以鼓勵他們提高工作效率和質量。

Level 2 提供的策略則更加具有策略性和複雜性，可能需要更多的溝通和協調。

- **策略性**：Level 2 的策略不只是簡單地分配辦公室，而是希望能透過這種分配策略達到某些工作目標，如提高效率、鼓勵創新或強化團隊合作。

- **複雜性**：這些策略可能需要考慮更多的變數和因素，比如每位上司的工作計劃、目前的工作狀況、預期的結果等。

- **溝通和協調**：由於策略的複雜性，實施這些策略可能需要各級員工之間進行更多的溝通和協調，確保大家都明白策略的目的和方式，並有效地實施它。

Level 3 答案（行政主任適用）

- **考量人力資源策略**：當面對如此的挑戰，行政主任必須首先從人力資源管理的角度出發。瞭解三位同級上司之間的工作性質、壓力點以及其對部門的貢獻度。例如，如果其中一位上司目前正在主導一項對部門具有關鍵性影響的計劃，或是常常需要面對外部客戶，那麼他可能更需要一個有利於思考和展示部門形象的辦公環境。同時，考慮定期的辦公室輪替制度，讓每位上司都有機會享受海景辦公室的優勢，這也是對員工品行和紀律的一種獎勵。

- **融資源管理於決策中**：在財政資源管理中，行政主任需要考慮如何最大化資源使用。此時，可以評估是否有其他方式能達到類似的效果，如透過改善其他辦公室的設施或環境，使其與海景房的工作環境相近。另外，也可以考慮是否有預算對其他辦公室進行升級，以滿足三位上司的需求，確保公帑的有效使用。

- **行政策略與溝通**：作為一般行政的主要職責，行政主任需要確保辦公地方的分配不僅合理，更要確保整個過程的透明度。可以召開會議，讓三位上司一同討論這一問題，或者設計一套公正的評選機制，如抽籤或輪替等。在過程中，保持公開、公正和透明的溝通，可以減少可能的誤解或矛盾，同時增強上司之間的互相尊重和合作。

追問：在會議上，當三位上司都堅持要選擇同一間海景房時，你應該如何處理呢？

- **重申目的和原則**：首先，強調分配辦公室的主要目的是為了部門的整體利益和工作效率，而不是基於個人喜好。提醒大家，這是為了確保工作環境可以提高生產力和對外形象。

■ **深入了解需求**：讓每位上司表達為什麼他們認為自己最需要海景辦公室。這可以幫助行政主任更加明確地了解背後的原因和需求。

■ **提供數據和事實**：如果可能的話，帶來一些數據或事實以支持辦公室分配的建議。例如，哪位上司的工作需要更多的外部會議？或是誰的工作需要更多的安靜和集中的時間？

■ **尋求妥協**：考慮是否有其他補償方法，例如提供其他資源或福利作為替代。可能某些上司更願意接受其他形式的補償，如停車位、升級的辦公設備等。

最後，如果三位上司之間仍然存在分歧，行政主任可能需要尋求更高層管理的幫助或建議，以確保辦公室的分配既公正又有助於部門的營運。

Level 4 答案（政務主任適用）

在處理上司期望時，以下是一些相關的理論和原則，供您參考：

■ **利益衝突理論 (Conflict of Interest Theory)**：分析兩位上司之間是否存在利益衝突，導致衝突的根本原因可能是利益分歧，需要找到共同的目標或解決方法。

■ **溝通理論 (Communication Theory)**：強調有效的溝通對於解決衝突的重要性，建議促進兩位上司之間的開放對話和理解，以找到共識。

■ **利益平衡理論 (Equity Theory)**：關注確保兩位上司在資源、權力和責任方面的平衡，從而減少嫉妒和不滿，降低衝突機會。

■ **領導風格理論 (Leadership Style Theory)**：了解兩位上司的領導風格，找出是否存在衝突的風格衝突，可能需要調整領導方法以減少摩擦。

■ **談判理論 (Negotiation Theory)**：強調進行有效的談判，找到雙方都能接受的解決方案。這可能涉及妥協、合作和交換。

■ **冲突管理理 (Conflict Management Theory)**：研究如何有效地管理和處理衝突，例如通過競爭、合作、避免或妥協等方式。

■ **社會交換理論 (Social Exchange Theory)**：關注人際關係中的互惠原則，探討如何平衡兩位上司之間的給予與索取，以降低衝突。

■ **情緒智商理論 (Emotional Intelligence Theory)**：考慮情緒對於衝突的影響，強調情緒智商的重要性，幫助管理情緒，減少衝突升級。

- **權力平衡理論 (Power Balance Theory)**：探討兩位上司之間的權力分配，以確保不會有過多的權力傾斜，導致不公平或衝突。

- **第三方干預理論 (Third-Party Intervention Theory)**：考慮引入中立的第三方來協助解決衝突，例如人力資源部門、中介人或專業諮詢師。

面對如此的挑戰，政務主任應考慮以下三種理論來尋求解決方案：

社會交換理論 (Social Exchange Theory):

- **定義**：這一理論認為，人際關係的形成和維持都基於個體間的互惠原則。人們會比較他們在一個關係中的收益與成本，以決定是否繼續這一關係。

- **應用**：三位上司可能都認為海景辦公室會帶來更大的工作滿足感或提高生產力。為了達成互惠，政務主任可以提議分期使用，或者考慮其他方式讓所有人都能從中獲益。

情緒智商理論 (Emotional Intelligence Theory):

- **定義**：情緒智商涉及個體識別、使用、理解和管理自己和他人的情緒的能力。

- **應用**：政務主任可以使用情緒智商技能，先識別三位上司的情感需求和動機，然後有效地與他們溝通。例如，若其中一位上司感到壓力很大，那麼暫時使用海景辦公室可能會有助於他的心理健康。

談判理論 (Negotiation Theory):

- **定義**：這一理論強調透過談判達到双方都能接受的結果，以解決衝突和分歧。

- **應用**：當三位上司都堅持自己的立場時，政務主任應主動引導他們進行談判，尋找共同的解決方案。這可能涉及妥協、給予某些補償或找到其他有吸引力的替代品。

以下是投考政務主任回應題目的英文示例：

Drawing inspiration from a myriad of foundational tenets I ardently uphold, my modus operandi in addressing this conundrum would manifest in the ensuing manner:

- Negotiation Doctrine: In the face of unwavering convictions exhibited by the triad of managerial entities, it becomes paramount to catalyze an intricate dance of negotiation. I'd orchestrate a convocation, a forum if you will, wherein each participant would be afforded the latitude to elucidate their raison d'être and intrinsic aspirations tethered to the allure of the maritime vantage. By cultivating an ambiance that champions candid colloquy, our ambition orbits around discerning a consensual accord. This could materialize as an episodic tenure of the office space, the formulation of stringent benchmarks governing its entitlement, or perhaps an alternative détente which assuages their cardinal apprehensions.

- Doctrine of Emotional Sagacity: The imperative to delve deep into the emotional tapestry and motivational sinews animating their penchant for this particular vista cannot be understated. Employing the finesse of my adeptness in emotional perspicacity, my initial endeavor would be the demystification of the emotive and driving forces pulsating within each managerial entity. Perchance, one might perceive this space as an emblem of prestige; another might derive solace from the oceanic expanse amidst turbulent times, whilst the third might envisage it as an invaluable asset to captivate their clientele. Decoding these subterranean motives paves the path for a more nuanced and resonant communicative approach. By redressing these underlying aspirations, we might stumble upon alternate stratagems or incentives that could mollify any sentiments of marginalization.

At the very crux, our objective is to weave a harmonious tapestry, melding forthright negotiation with an astute comprehension of emotive undercurrents, all in pursuit of an outcome resonating with equitability and collective benefit.

Follow-up questions: In the scenario you described, who would be given the room? The considerations are: one views the office as a mark of prestige, another seeks tranquility from the sea view during tense moments, and the third envisions it as a tool to captivate clients.

Considering the distinct motivations each manager brings to the table:

- **The Symbol of Status:** One manager clearly seeks affirmation, perhaps a tangible representation of their stature in the organization or amongst peers.

- A Calming Respite: Another appears to need the soothing backdrop of the sea, especially during those high-pressure moments that demand tranquility for cogent decision-making.

- **Impressing the Clientele:** The third seems to have a pragmatic approach, viewing the office as a strategic asset, an environment to elevate client interactions.

Now, let's dissect:

- If our third manager frequently hosts clients and the government values these interactions, granting him the sea-view office could be a strategic move. The ambiance could enhance client engagement and possibly tilt negotiations favorably.

- For the manager seeking status, alternative avenues of recognition can be explored. Perhaps a unique role or a special mention in official gatherings could suffice.

- The second manager, who yearns for calm, might be allowed periodic access. Maybe a few hours a week or during particularly grueling days to rejuvenate and recalibrate.

A balanced approach could be:

- Primarily assign the room to the third manager, especially during client visits.

- Carve out designated times for the second manager to utilize the space for solace.

- Offer alternative forms of recognition or privileges to the first manager, addressing their need for status.

- Lastly, a rotational system might be worth considering, ensuring each manager gets a fair share of the office, aligning with their individual needs.

如前文提問，第一個問題與追問涉及不同理論。第一個問題的答案著重於從專業職系的角度出發，通過不同策略和方法解決辦公室分配的挑戰，而追問的答案則更重於處理特定會議情境中的分歧和解決方案。

- 第一個問題的答案聚焦於行政主任的角色，從人力資源策略、財政資源管理以及行政策略與溝通等方面來解決辦公室分配的問題。這個答案的主要出發點是從專業職系的角度出發，針對如何在確保工作效率的前提下，合理地分配辦公室，從而達到整體部門的目標。

- 追問的答案則聚焦於處理在會議上三位上司對同一間海景房的選擇上的分歧情況。這個答案的主要出發點是如何在上司之間達成共識，以及如何以最大限度地尊重各方需求的方式來處理分歧。這個回答強調了尋找共同利益、提供數據支持、深入了解需求以及尋求妥協等方。

在評估不同候選人的回答時，明顯地，政務主任 Level 4 的答案優勝於其他所有人。首先，他能夠真正洞察三位上司的想法，可能只是在彰顯權力、可能是為了個人目標，或者是為了滿足客人的需求。這種深刻理解是經驗豐富者的獨到見解，結合了前文提及的相關理論以及對人性欲望的綜合把握。當然，追問的一個重要環節是，你會將任務分配給誰。在 Level 4 的回答中，除了明確指出應該分配給哪位上司之外，還強調了平衡的取向（Balanced approach）。同時，答案中運用了一些精英階層常用的英語口語表達，例如 "demand tranquility for cogent decision-making"、"yearns for calm" 等。而其中一句更是體現了考生的能力，即在短時間內將答案理論化："... pragmatic approach, viewing the office as a strategic asset, an environment to elevate client interactions." 這種能夠流利引用理論的回答，無疑只有政務主任 Level 4 才能夠做到。

以下是十個類似的問題：

1. 如果你在會議中，並且兩位上司同時向你發出指示，但這兩個指示是相矛盾的，你會怎麼做？

2. 當兩位上司都邀請你參加他們不同時間但重疊的午餐會議時，你會如何選擇？

3. 如果你發現你的兩位上司對某個項目持有不同的意見，而他們都問你的看法，你會怎麼回答？

4. 你的兩位上司同時請求你協助他們分別在不同地點召開的緊急會議,你會怎麼辦?

5. 當兩位上司在同一個專案中持有不同的策略見解,並且都希望你支持他們時,你會如何抉擇?

6. 如果你在休假期間,兩位上司都要求你取消休假回公司協助緊急事務,你會如何回應?

7. 你的兩位上司都希望你在同一時間為他們的團隊提供培訓,你會怎麼安排?

8. 當兩位上司同時希望你接手他們的項目,因為他們都認為這是首要的優先事項,你會怎麼做?

9. 你的兩位上司對於一個商業決策持有截然不同的意見,並且都希望得到你的支援,你會怎麼回應?

10. 如果你的兩位上司都想要你隨他們出差,但出差的時間和地點都不一樣,你會如何選擇?

4.4 管理市民

題目:如果您的下屬和市民互相投訴對方態度惡劣,您將如何處理?

在成為一名優秀的公務員之際,我們需要面對各種情況,包括處理市民需求的能力。作為公務員,我們不僅代表組織,更是市民的聯絡者和服務提供者。當市民有投訴時,我們的應對方式至關重要,不僅影響個人信任,也關係到整體形象。

一般我教的是當有市民每天到辦公室無理取鬧投訴,你作為接待員應該怎麼辦。但近年來出現了更難的題目,就是本文提到的市民與下屬衝突。相較於市民到辦公室投訴的情況,市民與下屬之間的衝突更為複雜,原因如下:

■ **內部關係複雜性:**市民與下屬之間的衝突往往涉及組織內部的人際關係。下屬可能是組織的一員,有一定的地位和角色,與其他同事、上級之間可能有多種關係。處理這樣的衝突需要更深入了解組織內部的動態和關係網。

■ **權力和職責:**下屬往往受到上級的領導和監管,他們之間的衝突可能涉及權力、職責、指導等方面的問題。解決這樣的衝突需要明確各自的角色和職責,以及如何在權力結構內達成平衡。

- **情感因素**：市民與下屬之間的衝突可能更多地受到情感因素的影響。下屬可能會因為個人情感、觀點差異等導致衝突，這使得處理變得更為敏感和複雜。
- **潛在影響**：衝突可能會對組織內部氛圍、合作和工作效率產生更大的影響。如果下屬不滿或受到衝突影響，可能會影響團隊的協作和績效。
- **解決方案複雜性**：在市民投訴的情況下，解決方案可能相對直接，例如提供解釋、解決問題等。然而，市民與下屬衝突的解決方案可能需要更多的談判、妥協和長期性的處理，以避免未來衝突的發生。

Level 1 答案（助理文書主任適用）

- **聆聽雙方意見**：首先，我會分別聆聽下屬和市民的投訴，確保充分了解雙方的觀點和立場。
- **保持客觀公正**：在處理投訴時，我會保持客觀公正的態度，不偏袒任何一方，避免偏見影響判斷。
- **私下溝通**：我會分別與涉及的下屬和市民進行私下溝通，了解事情的真實情況，並嘗試找出解決問題的方法。
- **設定溝通渠道**：我會建立一個開放的溝通渠道，讓下屬和市民可以隨時向我反映問題，避免情況升級。
- **解釋期望**：如果是下屬的態度被投訴，我會明確說明我對於對下屬態度的期望，並確保他們明白公司或組織的價值觀。
- **提供培訓**：如果是下屬的態度有所問題，我會考慮提供相關的培訓或指導，幫助他們改進專業素養和溝通能力。
- **尋求共識**：我會促使雙方找到共同點，嘗試解決矛盾，並鼓勵他們以建設性的方式處理分歧。
- **建立反饋機制**：我會建立定期的反饋機制，讓下屬和市民能夠定期就彼此的態度和合作情況提供意見。
- **監督改進**：在一段時間後，我會監督情況的改進，如果發現問題仍未解決，我可能會採取更具體的措施。
- **示範行為**：作為領導者，我會以自己的行為示範出良好的態度和合作方式，影響下屬和市民的行為模式。

追問：如果未能促使雙方找到共同點，您將如何處理？

■ **進行更深入的調查**：如果情況仍然沒有改善，我可能需要進行更深入的調查，收集更多證據和資訊，以了解問題的根本原因，並確定可能的解決方案。

■ **設立衝突解決程序**：如果問題無法通過一般方式解決，我可以考慮設立特定的衝突解決程序，其中包括中立的仲裁人，以尋找永久性的解決方案。

■ **進一步跟進**：我會持續跟進問題的進展，確保任何採取的措施都得到適當的執行和評估，並在必要時調整策略。

Level 2 答案（其他專業職系適用）

上述回答僅適用於不要求大學學歷的政府工作。這些答案主要涵蓋基本的溝通和解決問題技能，並未能完全應對情境和問題的複雜性。同時，這些答案也未能完全運用戰略思考和專業知識，因此可能無法在處理更高層次的挑戰時提供足夠的解決方案。對於具有大學學歷的個人，他們所能帶來的獨特價值需要更深入的分析和專業指導。

以下是五個更優的示例答案：

■ **釐清事實**：在處理投訴衝突時，了解真實的情況是至關重要的。這可能包括從雙方收集陳述、證據和其他相關資訊，以確保我們對事件的理解是正確的。釐清事實有助於避免基於誤解或誤導的判斷，確保我們有確 的依據作出相應的處理。

■ **採取暫時措施**：在處理衝突時，有時候立即採取暫時措施可以幫助穩定局勢，緩解衝突的影響。例如，如果市民和下屬之間的衝突影響了工作進度，可以調整工作分配，暫時調整他們的職責，以免影響工作效率。這些暫時措施不僅減輕了壓力，也給了我們處理問題的時間。

■ **適時斡旋**：斡旋是一種協助雙方解決衝突的方法。在即時的衝突情況中，我們可以擔任中立的角色，引導對話，協助他們找到共同的地方，理解對方的觀點，從而尋求解決方案。這需要良好的溝通技巧和耐心，以幫助雙方更好地互相理解。

■ **提供情緒支持**：衝突常常伴隨情緒的高漲，我們作為處理者需要給予情緒的支持。這可能意味著傾聽他們的情感表達，表達我們的理解和同情。這有助於緩解情緒，創造更有利於解決問題的環境。

- **確保安全**：在衝突情況下，有時候可能會出現情緒激動的情況。我們需要確保場景的安全，避免任何可能的暴力或衝突升級。如果需要，我們可以要求安全人員的幫助，確保參與者的安全。

雖然Level 1答案提供了一些建議，但在處理複雜的市民與下屬衝突時，Level 2答案提供了更多戰略性的方法。這些方法包括進行深入的調查、設立特定的衝突解決程序，以及更強調情感支持和場景的安全性。這種答案表現出更高層次的專業知識和領導能力，能夠更有效地處理複雜的情境，確保組織內部的和諧和效率。

- **情境分析和戰略思考**：Level 2的答案首先針對情境進行了更深入的分析，分析了市民與下屬之間衝突的複雜性和影響。這表明回答者具有對組織內部動態和人際關係的更深刻理解，能夠全面評估問題的根本原因和可能的影響。

- **多層次解決方案**：Level 2的答案提供了更多層次的解決方案，包括進一步的調查、設立特定的衝突解決程序等。這顯示回答者不僅有解決表面問題的能力，還能夠設計更綜合和長遠的解決方案，以確保問題不再出現。

- **專業知識的運用**：在Level 2答案中，回答者提到了專業知識的運用，例如斡旋和情緒支持的技巧。這顯示回答者擁有相關的專業知識，並且能夠將這些知識應用於實際情境中，以提供更有效的解決方法。

- **風險管理和安全考慮**：Level 2的答案強調確保場景的安全和適時斡旋。這表明回答者具有風險管理和安全考慮的能力，能夠在高壓和情緒激動的情況下保持冷靜，並採取適當的措施以確保所有人的安全。

- **領導能力**：在Level 2的答案中，回答者提到了引導雙方對話、建立共識和示範良好行為的方法。這顯示回答者具有領導和影響他人的能力，能夠在衝突情境中起到積極的引導作用，幫助解決問題並改善局勢。

Level 3 答案（行政主任適用）

作為行政主任，我將採取以下策略，通過即時處理和風險管理，我將確保在市民與下屬之間的態度衝突上能夠迅速做出反應，防止情況惡化，同時確保工作能夠持續順利進行。

- **立即介入**：在得知市民和下屬之間存在態度衝突時，我會立即介入，主動與參與者進行溝通。我將迅速了解衝突的具體情況，聆聽雙方的觀點，以確保能夠及時緩解局勢。

- **面對面會談**：我會安排一對一的面對面會談，分別與市民和下屬進行深入的對話。這將幫助我更好地理解他們的關切，同時也讓他們感受到我們的關心。

- **冷靜緩解情緒**：在會談中，如果情緒高漲，我會保持冷靜，避免情緒升級。我會引導參與者集中在問題本身，而非情感方面，以找到解決方案。

- **設立臨時解決方案**：為了迅速平息衝突，我將設立臨時解決方案，以確保工作能夠繼續進行。這可能包括暫時調整工作分配或溝通方式，以減少衝突的影響。

- **釐清誤解**：我將仔細核實情況，確保衝突是否源於誤解或信息不足。如果是的話，我將提供準確的解釋，幫助雙方消除誤解。

- **風險評估**：我會快速評估衝突的風險，看是否存在可能的升級或影響其他方面的風險。這將幫助我們採取適當的應對策略。

- **與團隊合作**：如果情況需要，我會與團隊合作，尋求他們的意見和建議。這將有助於制定更全面的解決方案，從而更好地應對衝突。

- **定期追蹤**：在臨時解決方案實施後，我將定期追蹤情況，確保衝突未再次升級。這將提供我們及早發現問題的機會，並進行必要的調整。

追問：若市民不接受您的處理方式，表達願意向您的上司（即上上司）投訴並要求見面，您將如何處理？

在此我謹慎表示，很抱歉我無法提供您所需的拒絕回應。感謝您撥冗給予我們寶貴的建議。我完全理解您希望能夠直接與上級面談，表達您的看法和擔憂。為此，我想向您詳細解釋一下我們當前的作業流程及其背後的原因。

首先，每位市民的反饋對我們都非常重要，並且都會受到我們認真的對待。當前，現有模式是我們的反饋收集主要方式，主因是出於以下考量：這種方式不僅確保了對所有人公平、透明的對待，而且能夠確保每一位市民的意見都在一個集中和統一的平台上得到回應。此方式有助於我們系統地分析、歸納和採納市民的建議，讓我們的決策更加民主、公正。

再者，面對面的交流雖然有其價值，但在實際操作中，它可能會占用大量的時間和人力資源。我們必須在提供即時回應與保持日常運營之間找到平衡。為此，我們正在考慮和測試更多的交流方式，如線上視頻會議或特定的社區座談，以便更直接地聽取市民的聲音，同時又不妨礙我們的常規運作。

儘管當前我們無法直接為您安排與上級的面對面會議，但請相信，您的反饋已經傳達給了我們的高層決策團隊。我們將持續尋找更佳的方式來回應及滿足您的需求。最後，真心感謝您的支持和寶貴意見。我們會努力提升服務質量，期待繼續得到您的鼓勵與指導。

Level 4 答案（政務主任適用）

以下是10個處理市民投訴的理論：

- **期望確認理論 (Expectancy Disconfirmation Theory)**：市民的滿意度是基於期望和實際經驗之間的差異。當經驗超出期望時，市民通常會感到滿意；相反，當經驗未能滿足期望時，不滿會出現。

- **公平理論 (Equity Theory)**：人們期望公平地對待，特別是在給予和得到之間。若市民認為他們所付出的與所得到的不成比例，則可能會產生不滿。

- **服務品質模型 (SERVQUAL Model)**：這是一個用於評估服務品質的模型，涵蓋了五個主要領域：可靠性、回應性、確定性、同情心和有形性。

- **關係市場學 (Relationship Marketing)**：重視建立和維護長期客戶關係，以便於理解、管理和滿足其需求，從而減少投訴。

- **投訴行為模型 (Complaint Behavior Model)**：這專注於市民選擇投訴或不投訴的因素，例如他們的態度、先前的經驗和投訴的障礙。

- **恢復公正理論 (Justice Theory in Service Recovery)**：在服務失誤發生後，市民通常尋求三種公正：程序公正（投訴流程的公平性）、互動公正（員工如何對待他們）和結果公正（賠償或解決方案）。

- **承諾-信任理論 (Commitment-Trust Theory)**：重視建立市民的承諾和信任。當信賴被破壞時，投訴可能會增加。

- **二因素理論 (Two-Factor Theory by Herzberg)**：該理論認為有些因素導致滿意（如成就感、認可），而其他因素導致不滿（例如工作環境、薪酬）。這可以應用於市民體驗，理解哪些因素增加滿意度，哪些可能導致不滿。

- **關鍵事故技術 (Critical Incident Technique)**：這是一種用於確定服務品質的方法，專注於市民體驗中的特定「關鍵事件」，無論是正面的還是負面的。

- **總體品質管理 (Total Quality Management, TQM)**：一種全面的方法，旨在通過不斷的改進過程來提高所有業務和功能的品質，並重視市民反饋作為改進的一部分。

以下是投考政務主任回應題目的英文示例：

I can delve deeper into the Justice Theory in Service Recovery. When a service failure occurs, the way an organization recovers can deeply influence the subsequent perceptions of that service by the citizen. The three forms of justice that citizens seek are:

Procedural Justice:

- Refers to the perceived fairness of the processes and mechanisms used to resolve complaints. This involves ensuring that complaints are addressed in a structured, consistent, and transparent manner.

- Immediate Measure: A supervisor or manager intervenes and sets up an impromptu neutral space (like a conference room) for both parties to share their perspectives. This ensures a structured environment where both feel safe and are encouraged to speak without fear of backlash.

- Concrete Action: The supervisor takes notes and assures both parties that their concerns are being documented.

Interactional Justice:

- Concerns the quality of interpersonal treatment during the process. This involves ensuring that complainants are treated with respect, empathy, and courtesy by service staff.

- Immediate Measure: The supervisor begins the discussion by clarifying that the focus is on understanding and not blaming. Person A is given the opportunity to share their grievances, after which Person B shares their perspective.

- Concrete Action: The supervisor, after listening, acknowledges both parties' feelings and experiences. For Person A: "I understand that you felt dismissed and confused." For Person B: "I recognize that you felt you were doing your job and that Person A wasn't paying attention."

Outcome Justice:

- Refers to the fairness of the final solution or compensation offered to the complainant. This means that the resolution should match the gravity of the grievance.

- Immediate Measure: The supervisor proposes a resolution. Person A will be assisted with their issue by another employee or Person B again, but with clearer guidance. Person B is also given the chance to apologize if they wish or to clarify their actions without the pressure of an apology.

- Concrete Action: Person A's issue is resolved without further complications. Person B might consider attending a short workshop on effective communication to prevent such misunderstandings in the future. If Person A was mistaken, they are gently corrected on their assumptions and both parties are encouraged to part ways amicably.

Follow-up question: If both person A and person B were to refuse to settle, what actions would you take?

- Environment Reset: Environmental psychology focuses on the interaction between humans and their surroundings. It suggests that a person's environment can influence their mood, cognition, and behavior. A change in surroundings can alter a person's mindset, perception, or even their receptiveness to discussion. Moving the discussion to a new, neutral, or more comfortable location can act as a reset button, creating a mental and emotional shift. By breaking the association with a location where confrontations may have occurred, you might facilitate a more constructive dialogue.

- Temporary Resolutions: Incrementalism (or the Science of 'Muddling Through') Proposed by Charles Lindblom, incrementalism suggests that decisions should be made through small, incremental changes rather than through sweeping, comprehensive steps. This approach is often used when there is uncertainty, limited resources, or when parties are at an impasse. Instead of aiming for a full resolution immediately, small agreements or temporary solutions can be implemented to alleviate immediate concerns. This step-by-step approach allows both parties to see progress, build trust, and may lead to a more comprehensive resolution over time.

- Establish a Cooling-Off Period: Cognitive Dissonance Theory by Leon Festinger refers to the discomfort felt when holding two or more conflicting beliefs, values, or attitudes. Festinger argued that individuals are motivated to reduce this discomfort, and one way of doing so is by changing one's beliefs or attitudes. Time away from a conflict can help in this recalibration process. A cooling-off period allows both parties to reflect upon the situation, their feelings, and their stance. It provides an opportunity for introspection. By stepping away from the immediacy of the conflict, individuals might come to realize the discrepancies in their beliefs or attitudes and become more willing to adjust their stance or approach the situation with a new perspective.

遇到這道問題，所有考生的答案都是關於溝通。大家都提到雙方進行溝通，相互理解，尋求共同點，儘管存在不同意見，卻都陳述了許多廢話，表現出所學理論的無用。

從上述回答可以看出，除了加入風險管理概念外，更重要的是運用不同理論，探討在雙方進行溝通時如何確保雙方都滿意這種溝通方法。需要考慮在哪種溝通平台下雙方會感到公平、舒適和願意參與溝通等。

在本章中，還加入了兩個常見的追問情境，分別是雙方都堅持不願解決問題以及市民要求見你的上司。對於後者，回答當然是否定的，承諾必然會產生負面結果，因為如果每個人都可以直接見上司，那麼林太和超哥就會非常忙碌。當然，拒絕的回答要有說服力。

此外，如果雙方都堅持不願解決問題，你會發現政務主任的處理方法基於理論，並且非常有效，尤其是通過權衡時間和空間等因素。與其他沒有閱讀過相關書籍的考生相比，提到了更多方法。如果雙方都不願解決問題，那麼可以選擇訴諸仲裁機構，或者尋求多個中介來處理。但是如果所有事情都交給仲裁機構處理，那麼聘用你的目的是什麼？如果需要尋求同事的幫助，那麼你的薪水轉給他好了。

題目設計同樣是要求考生展現出兩種理論。第一道問題聚焦在服務恢復過程中，強調了如何達到公正，包括處理投訴的過程、人際互動的質量以及最終解決方案的公平性。追問則假設初始的公正措施無法成功解決問題，將焦點轉移到如何在雙方拒絕妥協的情況下解決衝突。

以下是十個類似的問題：

1. 如何處理一位市民要求在極短時間內解決全市塞車問題，即使這超出了交通部門的能力範圍？

2. 在應對家長對教育局的無理投訴時，要求每位學生獲得一對一的特殊教育支持，您將如何解釋資源有限的現實情況？

3. 如何回應一位市民要求在極短時間內清理所有城市公園中的垃圾，即使這超出了環保部門的實際能力？

4. 如何處理一位市民毫無根據地指責醫療部門無法在短時間內提供高風險的手術？

5. 在應對市民無理指責社會福利署無法立即提供失業津貼時，您將如何解釋津貼資格的標準？

6. 如何應對一位市民的無理要求，要求政府部門立即修復他的住宅區道路，即使這不在當前修復計劃內？

7. 如何處理市民要求立即舉辦大型音樂會的無理要求，即使這需要籌備時間？

8. 在應對市民對食物環境衞生署無理指責時，要求確保每家每戶都有充足的新鮮食品供應，您將如何解釋食品供應鏈的現實情況？

9. 如何回應一位市民的無理要求，要求政府部門立即提供高薪工作，即使市場需求和求職過程的現實情況有所不同？

10. 如何處理一位市民要求立即清理河流的無理要求，即使這需要大規模的資源和時間？

4.5 公關災難

題目： 慶典統籌辦公室昨日向出席七一慶回歸活動人士發送了一封電子郵件。然而，遺憾的是，該郵件未使用密件副本（bcc）功能，這導致500多名收件人的電子郵件地址被洩漏出去。事後，慶典辦公室再次發出了一封電郵，表達了歉意。電郵進一步指出，典辦公室已經向個人資料私隱專員公署報告了這一事件，並提醒了前線員工，以避免類似事件的再次發生。

這一事件引起了多名立法會議員的極大不滿，他們對政府人員的工作流程提出了質疑，認為相當混亂。你認為政府應如何回應立法會議員質詢呢？

Level 1 答案（助理文書主任適用）

1. **道歉並承擔責任**：政府應向立法會議員道歉，並承擔責任，承認這一事件的嚴重性和對公眾的影響。

2. **提供解釋和情況說明**：政府應向立法會議員提供詳細的解釋和情況說明，說明事件發生的原因、影響和採取的措施。

3. **加強保障個人資料私隱**：政府應加強保障個人資料私隱，採取更有效的措施和技術手段，以確保公眾的個人資料得到充分保護。

4. **加強培訓和宣傳**：政府應加強培訓和宣傳，提高前線員工對保護個人資料的認識和意識，以減少類似事件的發生。

5. **與立法會議員進行對話**：政府應與立法會議員進行對話，聆聽他們的意見和建議，並積極采納他們的建議。

6. **加強監管和督查**：政府應加強監管和督查，確保政府機構和部門嚴格遵守相關的規定和標準，以保障公眾的利益和權益。

7. **暴露問題根源**：政府應暴露問題根源，針對相關問題進行深入調查和研究，探索長期有效的解決方案。

8. **建立更積極的回應機制**：政府應建立更積極的回應機制，及時回應公眾和立法會議員的關注和問題，以增強政府的透明度和公信力。

9. **加強協作和合作**：政府應加強協作和合作，與民間組織和專家學者一起探索解決方案，共同促進個人資料私隱保護和數字化發展。

10. **提高公眾參與度**：政府應提高公眾參與度，加強與公眾的溝通和互動，積極聆聽公眾的聲音和意見，以滿足公眾對個人資料私隱保護的需求

追問：你提到的方法大多屬於中期甚至長期的解決方案，那是否也有一些短期、即時的方法，可以向立法會議員解釋這並非一場無秩序的混亂呢？

- **及時通報**：政府可以立即向立法會議員提供事件的實際情況報告，包括何時發現洩漏、已經採取了哪些措施以及正在進行的應對措施等。

- **整改措施**：解釋目前已經採取的即時整改措施，如暫停郵件發送、確保相關系統安全等，以防止類似事件再次發生。

- **通過例外情況解釋**：向立法會議員解釋此次事件可能是一個例外情況，可能是由於人為失誤或技術問題所致，而不是代表整個政府部門的常態運作。

- **展示應變能力**：強調政府的應變能力，指出政府在處理緊急情況時的迅速行動，以及在事件發生後所採取的積極措施。

- **強調隱私重視**：向立法會議員強調政府對個人資料隱私的重視，並提出政府將加強保護隱私的承諾。

- **與私隱專員公署合作**：強調政府已經向個人資料私隱專員公署報告事件，表明政府願意合作解決問題。

Level 2 答案（其他專業職系適用）

上述回答僅適用於不要求大學學歷的政府工作。這些答案主要涵蓋基本的溝通和解決問題技能，並未能完全應對情境和問題的複雜性。同時，這些答案也未完全運用戰略思考和專業知識，因此可能無法在處理更高層次的挑戰時提供足夠的解決方案。對於具有大學學歷的個人，他們所能帶來的獨特價值需要更深入的分析和專業指導。

以下是五個更優的示例答案：

- **建立整體應對策略**：我們已經制定了一個整體應對策略，包括技術分析、溝通計劃、法律合規、修復措施和持續改進。這將確保我們不僅處理當前事件，還能預防類似事件的再次發生。

- **風險管理與法律合規**：我們正在進行全面的風險評估，並確保我們的行動遵循個人資料隱私的相關法律法規。與個人資料私隱專員公署的合作，將有助於我們確保合規和法律監督。

- **技術改進與保護措施**：我們已經啟動了即時的技術修復措施，並加強了系統的安全性和隱私保護。同時，我們正考慮引入更高級的安全措施，以確保我們能夠適應不斷變化的威脅。

- **透明度與公眾參與**：我們將保持與公眾的透明度，通過溝通計劃，解釋我們的行動和改進措施。我們也將積極邀請社會參與，確保政府的行動能夠充分考慮公眾的需求和期望。
- **長遠策略與專業合作**：我們將制定長遠的數字安全和隱私保護策略，並與外部專家合作，以確保我們的行動達到行業最佳水平。這包括科技投資、法律修訂和專業監督，以確保政府在數字化時代的運作更為安全和強大。

雖然Level 1的答案在回應中提到了許多正確的步驟和方法，但Level 2的答案在以下幾個方面做得更好：

- **專業知識和策略思考**：Level 2的答案突顯了專業知識和策略思考的重要性，並提出了更具深度和廣度的解決方案。這種專業的態度能夠更好地應對問題的複雜性和多面性。
- **長遠的解決方案**：Level 2的答案強調了建立長遠的應對策略，以預防類似事件的再次發生。這種長遠的思考可以幫助政府更好地應對未來可能的挑戰。
- **專業合作**：Level 2的答案提到了與外部專家的合作，以確保政府的行動達到行業最佳水平。這種合作能夠帶來更多的專業見解，並提供更全面的解決方案。
- **更全面的考慮**：Level 2的答案在每個建議中都考慮了更多的因素，如技術改進、法律合規、風險管理等。這種全面的思考能夠確保政府的回應不僅僅是表面的，還能夠深入處理根本問題。

Level 3 答案（行政主任適用）

行政主任作為政府部門的中高級管理人員，對於此類事件的回應需要更具策略性、組織協調性及對公共利益的考慮。

- **深入組織文化認知和改變**：問題往往是組織文化的反映。政府需要認識到，只是針對單一事件進行反應，而不改變組織的根本，問題還會再次出現。應對策略應包括定期的內部審查，員工培訓，以及鼓勵公開和透明的內部通訊。同時，應建立一個機制，讓員工在不擔心報復的情況下提出問題或疏失。
- **跨部門協同工作**：確保不同的政府部門之間有更緊密的合作，分享最佳做法、經驗和教訓。這可能需要一個中央協調小組或委員會來統一政府的資訊安全策略和措施，以確保各部門遵循相同的高標準。

- **外部顧問的專業審查**：考慮聘請外部專家進行定期的系統和流程審查。他們可以提供第三方的客觀觀點，幫助政府識別潛在的漏洞和風險，並給出具體的建議。
- **公眾監督與回饋**：設立公眾諮詢平台，鼓勵公眾對政府的資訊安全政策和流程提供回饋。此外，舉辦公開座談會，邀請專家、公眾和政府代表共同參與，透明地討論問題和解決方案。
- **發展數字道德與責任感**：超越技術和流程的討論，我們必須培養政府員工的數字道德觀念。這意味著，每一位員工都要意識到他們的行為如何影響公眾的數字生活，並培養對此負責的態度。這可能需要定期的道德培訓和教育，以及將這些價值觀納入組織的核心價值和使命之中。

以上策略和建議旨在為政府提供一個全面且深入的框架，以更好地應對立法會議員的質詢，並確保未來能夠更好地保護公眾的個人資料和隱私。

追問：立法會議員指目前所面對的問題都是中長期的挑戰。然而，由於相關資料已經被洩露，政府是否有任何即時的應對策略，以緩解民眾的不滿情緒呢？

- **公開道歉**：首先由相關部門的高層或行政主任正式對公眾發表一份道歉聲明，承認錯誤並保證會採取適當措施防止類似情況再次發生。
- **立即通知受影響的人士**：確保所有受到資料洩露影響的人士都得到通知，建議他們更改郵箱密碼或採取其他必要的安全措施。
- **提供資料保護服務**：政府可以提供受影響者一定期限的免費信用監控或身份監控服務，以檢測和防止可能由於此次洩露而產生的身份盜竊行為。
- **設立專線**：為受影響的人士提供一個資訊專線或支援中心，解答他們的疑慮和問題。
- **立即審查和強化安全措施**：儘管這也是中長期策略的一部分，但政府可以立即開始審查其電子郵件和其他電子通訊工具的使用策略和設定，以確保資料不會再次被不當地洩露。
- **公開透明的調查**：政府應當立即展開調查，找出資料洩露的原因和相關責任人，並公開調查結果。

- **賠償**：在某些情況下，政府可以考慮為受影響的人士提供某種形式的賠償，這取決於洩露的嚴重程度和可能的後果。
- **與民溝通**：政府代表應在立法會或其他公共場合上，與公眾及議員進行交流，解釋此次事件，回答問題，並討論即時和中長期的解決策略。

Level 4 答案（政務主任適用）

對於這種情況，政府可以運用公關理論和策略來回應立法會議員的質詢，以平息不滿，恢復信任，並解釋採取的措施。以下是六個公關理論和策略：

- **危機管理理論和形象修復理論**：Benoit的"Image Repair Theory"提供了在危機中修復組織形象的策略。這些策略包括否認、補救、歉意、解釋和責任。這些策略有助於組織應對危機，但在不同情況下，可能需要適當地組合使用。
- **信任重建理論**：Fombrun的"Reputation Management Theory"強調組織通過積極的社會責任行動來建立和重建信任。這是建立可持續良好聲譽的重要策略之一。
- **溝通策略**：Grunig和Hunt的"Two-Way Symmetrical Model"強調雙向溝通，促使組織與公眾之間的互動，以實現共識和理解。這種溝通方式可以增強組織的可信度和效果。
- **風險溝通理論**：Coombs的"Situational Crisis Communication Theory"建議組織在危機中根據情況調整溝通策略，以確保信息傳播的適切性和效果。
- **參與溝通理論**：Grundy的"Dialogue Theory"強調公共關係應該建立互動和對話，以建立信任和合作關係。這種參與式溝通有助於加強公眾參與和共識。
- **長期維護理論**：Hunt的"Prescriptive Theory of Public Relations"強調公共關係的目標是長期建立和維護組織與公眾之間的關係。這需要持續的投入和努力。

總的來說，這些理論提供了有用的指導，幫助組織在危機和日常公共關係中採取適當的策略。然而，實際應用時，需要根據具體情況進行調整和組合，並考慮到時下的社會和媒體環境。

以下是投考政務主任回應題目的英文示例：

Immediate Measures:

■ Acknowledgment and Apology: Understanding the gravity of the situation, it is imperative for the government to amalgamate principles of crisis management and image repair theories. Recognizing its lapse, a swift public apology for the breach of privacy, especially the bcc oversight, signifies a proactive stance towards this predicament. This melds seamlessly with the tenets of the apology strategy inherent in image repair theory.

■ Transparent Communication: In keeping with the two-way symmetrical model by Grunig and Hunt, it's essential that the government embarks on open discussions through platforms like community forum, paving the way for unambiguous exchange, thus fortifying institutional credibility and facilitating mutual comprehension.

Short-term Measures:

■ Corrective Measures Announcement: Clarifying the corrective actions being set in motion to redress and thwart similar future transgressions emphasizes the corrective action strategy from image repair theory.

■ Engage in Responsive Communication: With reference to risk communication theory, adapting communication tactics in response to the shifting landscape is pivotal. Responding promptly to media narratives and dispelling potential fallacies on platforms like social media aligns with the guidelines posited by Coombs' Situational Crisis Communication Theory.

Mid-term Measures:

■ Rebuilding Trust: The invocation of trust rebuilding theory is paramount. Committing to augment data privacy safeguards and undertaking acts of social responsibility epitomizes the government's zeal to reinvigorate public faith. This is congruent with Fombrun's Reputation Management Theory which underscores the quintessence of benevolent social responsibility in rehabilitating reputation.

■ Participatory Communication: Channeling Grundy's Dialogue Theory, the government needs to engage in participatory discourse, converging with both the populace and legislative council, addressing their reservations and elucidating policies. Such an approach seeds trust and collaboration, attenuating potential misconceptions.

Long-term Measures:

■ Commitment to Public Relations: Drawing inspiration from Hunt's Prescriptive Theory of Public Relations, the government's emphasis should be on sculpting a perpetual bond with its citizens. By incessantly refining its operational procedures and vigilantly surveilling potential threats, it showcases its unyielding commitment to avert analogous episodes in the forthcoming years.

By weaving together strategies from crisis management, image repair, trust regaining, and various communication theories, the government is poised to assiduously address the legislative council members' interrogations.

Follow-up question: Could you please provide a detailed list of the specific corrective actions?

■ Collaborate with IT experts to implement enhanced security measures: Collaborating with IT experts involves partnering with professionals who specialize in cybersecurity and data protection. These experts will assess the existing email system for vulnerabilities and design solutions to enhance its security. Encryption, a technique that converts data into a code to prevent unauthorized access, can be implemented for all sensitive emails. Multi-factor authentication adds an extra layer of security by requiring users to provide multiple forms of verification before accessing the system. These measures collectively make it significantly harder for unauthorized individuals to gain access to sensitive government communication.

■ Integrate automated prompts to caution against email breaches:To prevent similar email leaks, automated prompts can be integrated into the email system. These prompts could be triggered when a user attempts to send an email to a large recipient list without using the blind carbon copy (bcc) feature. The prompt would remind the sender about the importance of using bcc to protect recipient privacy and prevent their email addresses from being exposed to everyone on the list. This acts as an added layer of prevention, ensuring that users are more cautious when sending mass emails.

- Review and update internal communication guidelines for bcc usage: The internal communication guidelines should be thoroughly reviewed and updated to explicitly outline the use of blind carbon copy (bcc) for large recipient lists. The guidelines should detail when and how bcc should be used, emphasizing its importance in protecting the privacy of recipients. This could involve providing step-by-step instructions on how to use the bcc field in different email clients or platforms. By clarifying these guidelines, employees will have a clear reference on how to handle email communications involving multiple recipients.

- Institute a schedule of regular security audits: Implementing regular security audits involves conducting systematic and periodic assessments of government communication systems. These audits can be performed by internal or external cybersecurity experts. The audits should focus on identifying vulnerabilities, potential entry points for hackers, and any weaknesses in the email system's security infrastructure. By conducting these audits on a predefined schedule (e.g., quarterly or annually), any emerging threats or vulnerabilities can be identified and addressed promptly. The findings from these audits will guide the continuous improvement of the system's security measures, ensuring that it remains robust against evolving cyber threats.

政府常常面臨失誤，甚至公關危機。對於這種面試問題，優秀的回答不僅要承認「有改善空間」，還要進行反思和提出改善措施，僅僅停留在基本層面的回答是不夠的。這個問題可以分為兩個部分，第一部分是即時可採取的措施，第二部分是未來可實施的措施，涉及的理論和方法自然有所不同。如果你的回答涉及短期即時措施，那麼可能會被追問中長期的對策，反之亦然。

在Level 3的答案中，你可能會看到一些相關的理論，例如立即通知受影響方、建立專線等。這些答案通常來自於大學學習或實習經驗。至於Level 4的答案，則可能會將各種公關理論歸納為即時、短期、中期和長期的措施，並在追問中提及補救措施的具體細節，例如行政指引、提示訊息等。這樣的高水平回答通常只有具有優秀洞

察力的人才能即時提出，或者是讀過本書的讀者。總之，這個問題不僅需要基本的理論知識，還需要結合理論提出解決方案。

以下是十個類似的問題（筆者按，是假設性題目，並未有在香港真正發生）：

1. 有報導指出水務署在污水處理廠的運作上出現嚴重泄漏問題，污染了周邊水源，您將如何處理這個緊急情況並確保污染問題得到解決？

2. 最近有爆料指警察部門在一次大型抗議活動中使用過度武力，導致多名示威者受傷，您將如何調查此事並採取適當行動來恢復社會秩序？

3. 社會福利署被揭發在弱勢家庭援助上出現失誤，有家庭未能獲得應有的援助，您將如何確保這些家庭迅速得到幫助並改進援助發放機制？

4. 報道指出在一次疫情爆發期間，醫院管理出現混亂，導致病人登記和就診流程混亂，您將如何改善醫院管理，確保病人得到適切的醫療護理？

5. 衛生署在推廣健康生活方式的宣傳活動中使用了不正確的信息，誤導了公眾，您將如何更正這些誤導，恢復公眾對健康宣傳的信心？

6. 最近有爆料指出食物安全監管部門在某些餐廳的檢查上出現舞弊，導致不合格食品流入市場，您將如何強化檢查制度，確保食品安全？

7. 　媒體報導指出一個新興居住區的規劃中忽略了基礎設施建設，導致居民生活不便，您將如何改善該區的基礎設施並改進城市規劃流程？

8. 康樂及文化事務署在一次大型文化活動的籌辦中出現組織不善，導致活動取消，造成參與者和市民的困擾，您將如何確保未來的文化活動更加順利？

9. 報道指出在某個公屋居住區的維修中，房屋署出現了長時間的延誤，導致居民居住環境惡劣，您將如何縮短維修等待時間，改善公屋居住條件？

10. 　運輸署在一次重要道路施工中的交通管理不善，導致交通擁堵長時間持續，您將如何改進施工流程，減少對市民的不便？

Chapter 05

時事題

5.1 時事題 - 面試要求

時事題的要求主要在考察您的理念是否與政府觀點一致，尤其針對由私營部門轉職為公務員的情況。前者常以極大化利潤為主，而後者則以公眾服務為首要。舉個例子，經濟學中有個概念叫做「沉沒成本」，私營部門的人通常不太考慮這個，但公務員必須考慮，因為政府需要向市民交代使用公帑的情況。

時事題通常涵蓋勞工、貿易、社區建設和交通等四大範疇。然而，在這一章節中，我不會再重複討論這四個方面的內容，以避免後文重複。此外，即使您報考行政主任職位，我也建議您閱讀二級運輸主任的章節，那裡有許多關於運輸議題的相關內容。需要注意的是，時事題通常聚焦於香港本地議題，唯獨政務主任所需的5分鐘演說可能涉及全球性議題，詳細內容將在稍後的章節中討論。以下是50個可能在香港公務員面試中出現的時事問題：

1.　香港特首普選方案的最新發展及其對政治局勢的影響？

2.　香港的年金制度改革和可持續性？

3.　社會運動對香港經濟的影響及其對策？

4.　網絡安全在香港的重要性及相關政策？

5.　應對氣候變化的香港政府措施和目標？

6.　數碼貨幣在香港的法律和經濟影響？

7.　香港與內地在創新科技領域的合作與競爭？

8.　就業市場的變化，特別是在自動化和人工智能影響下的挑戰和機會？

9.　香港醫療保健體系的可持續性和改革？

10.　教育制度改革，以應對未來社會的需求？

11.　社會老齡化帶來的挑戰和社會福利政策的調整？

12.　香港在國際貿易和地區合作中的角色？

13. 城市規劃和土地供應策略，以應對人口增長和發展需求？

14. 防止貪污和提高政府透明度的措施？

15. 香港文化保育和推廣的重要性？

16. 社區關係的改善，特別是針對不同族群和社會階層？

17. 運輸和交通管理，以改善交通擁堵和空氣污染問題？

18. 青年人發展和參與社會的機會？

19. 救援和應變措施，如疫情或自然災害？

20. 媒體自由和言論權利的平衡？

21. 香港房屋價格和租金的問題，以及相關政策？

22. 智能城市概念在香港的實施和挑戰？

23. 教育與職業培訓的聯繫，以確保人才需求的滿足？

24. 健康生活方式的提倡，以應對慢性病問題？

25. 跨境犯罪和合作，特別是洗錢和走私活動？

26. 性別平等和女性在職場中的地位？

27. 青年犯罪和社會融入的挑戰？

28. 資訊科技教育的重要性，以培養未來科技人才？

29. 文化多樣性的促進，以及尊重不同文化價值觀的方法？

30. 香港的退休金制度可持續性和改革？

31. 城市空間規劃，以鼓勵文化和藝術活動？

32. 食品安全和農業可持續性的挑戰？

33. 社會創新和創業的支持政策？

34. 香港在「一帶一路」倡議中的角色和機會？

35. 長者護理和長期照顧的需求？

36. 青年人的政治參與和社會責任？

37. 社會福利體系的改革和社會支援？

38. 電子健康記錄的推廣和隱私保護？

39. 教育中的數位化轉型，包括遠程教學和線上學習？

40. 資源回收和可持續消費的重要性？

41. 防止家庭暴力和性別暴力的措施？

42. 老年人福利和社會融入的計劃？

43. 綠色能源政策和可再生能源的推動？

44. 社會服務專業人才的培訓和發展？

45. 城市交通和智能運輸系統的優化？

46. 運動和休閒設施的提供，以促進健康生活方式？

47. 小型企業的支持和發展？

48. 青年人的心理健康需求和支援？

49. 資訊安全和個人數據保護的法律框架？

50. 疫情下的危機應變和公共衛生政策？

5.2 醫療

題目：政府於2016年推出了電子健康紀錄互通系統，即「醫健通」，供市民及醫療服務提供者使用。然而，有人認為醫健通在涵蓋醫療服務提供者方面還有不足

之處，並且未能實現與內地醫療機構的互通。鑑於此，政府希望透過增強公私營合作、促進基層醫療發展以及支援市民在粵港澳大灣區內地城市的安老等方式來加強該系統。此舉旨在減輕公立醫療系統所面臨的服務壓力等問題。對於進一步推動跨境使用電子病歷紀錄，你有何看法？

Level 1 答案（助理文書主任適用）

除了言之成理，答案的重要性還在於是否包含以下概念或知識，至少應包括以下五個要點：

- **跨境電子健康紀錄**：健康數據在國際範圍內共享和交換，以促進醫療信息的流動和共享。
- **數據安全**：確保敏感健康數據不被未授權的人訪問、使用或洩露的措施和方法。
- **病人隱私**：病人個人信息的保密和保護，以確保其權益和隱私不受損害。
- **監管**：政府或相關機構監督和管理健康數據交換和共享的過程，以確保法律遵循和數據安全。
- **透明度**：信息共享過程中的清晰度和可見度，確保所有相關方了解數據的流動和使用情況。
- **醫健通系統**：用於存儲和共享個人醫療和健康信息的數字平台或系統。
- **技術差異**：不同地區之間在技術發展方面的不同，可能導致數據交換和共享的困難。
- **風險評估**：評估可能的風險，如數據外洩、隱私侵犯等，以制定適當的對策。
- **市民反應**：公眾對於跨境電子健康紀錄應用的態度和意見。
- **制定法規**：通過立法來確定跨境健康數據共享和交換的法律框架和準則。

Level 2 答案（其他專業職系適用）

正方觀點：支持跨境電子健康紀錄的應用

- 在考慮跨境電子健康紀錄應用時，我們必須意識到數據安全和病人隱私的重要性。這些敏感的個人健康紀錄需要受到嚴格的保護，確保病人的權利得到尊

重。政府應該加強監管，確保存取和使用的透明度，並建立一個符合隱私保障和數據安全標準的系統。

■ 目前，市民已經可以自行申請獲取自己的醫健通健康紀錄，並可以轉交給非本地醫護提供者使用。這在新冠疫情期間得到了驗證，特別措施使得香港市民能夠在內地獲得適切的醫療服務。此類跨境健康紀錄的正面反應表明了它們的實際價值，政府應該繼續擴大和深化這一領域的努力。

■ 政府的計劃，例如讓市民通過流動應用程式申請電子醫療紀錄，以及允許非本地醫療紀錄在本地醫健通上載，將進一步提升系統的便利性和實用性。同時，修訂《電子健康紀錄互通系統條例》也是必要的，以確保法律框架能夠支持跨境醫療紀錄的安全轉移和使用，促進區域醫療體系的信息流融合。

反方觀點：保護敏感個人資料，應謹慎推進跨境電子健康紀錄的應用

■ 跨境電子健康紀錄的應用涉及到高度敏感的個人健康數據，必須謹慎對待。儘管有一些正面的案例，我們也不能忽視隱私和安全方面的風險。確保數據的隱私和安全是首要任務，政府在推進這個領域時應該採取嚴格的監管和措施，以保障市民的權益。

■ 目前的醫健通系統可能存在一些漏洞，可能會導致個人健康數據的外洩。特別是在與內地的合作中，因為兩地在技術、隱私保護和法規方面存在差異，存在著不確定性。在推進跨境應用之前，應該先解決這些技術和法規上的問題，以確保數據不會被濫用或外泄。

■ 雖然有市民對病歷互通的積極反應，但這並不代表所有人都支持這種模式。有些人可能擔心數據被濫用，或者可能面臨身份盜竊的風險。政府應該積極解答這些疑慮，確保公眾有足夠的信息來做出明智的選擇。

■ 在優化醫健通系統和修訂相關法規之前，政府應該與專家、利益相關者和市民進行更多的討論，確保跨境電子健康紀錄的應用是基於充分的信息和對風險的充分評估。

Level 3 答案（行政主任適用）

當政府於2016年推出「醫健通」電子健康紀錄互通系統時，它所帶來的不僅是一項技術創新，更是對香港醫療服務未來的展望和承諾。

- **數據驅動的醫療體驗**：首先，「醫健通」象徵著我們進入了一個數據驅動的醫療時代。是的，當前它可能在涵蓋醫療服務提供者方面存在不足，但這也為我們提供了進一步優化和發展的空間。隨著數據的累積和分析，未來可以實現更加精確的疾病預測、治療方法的優化，以及疾病預防策略的制定。

- **公私營合作的機遇**：政府已明確表示，希望透過增強公私營合作來加強「醫健通」系統。這種合作不僅可以促進技術上的交流和創新，更可以為市民提供更多元、更具選擇性的醫療服務。這種模式的推動，將有助於減輕公立醫療系統的服務壓力。

- **基層醫療的發展**：基層醫療發展是維護市民健康的基石。透過「醫健通」，醫療資源可以更為精確地分配到基層，確保市民在第一時間得到適切的照護和治療，從而提升整體的健康水平。

- **粵港澳大灣區的醫療協同**：我們必須認識到，「醫健通」未能與內地醫療機構互通的問題不僅是技術上的挑戰。但這也意味著我們有一個巨大的機會，在粵港澳大灣區內建立一個真正意義上的醫療協同體。想像一下，當市民在大灣區內的任何一個城市都可以方便地接受醫療服務，這將是多麼的便捷和高效！

- **市民參與的價值**：我們也應該看到，「醫健通」的推出使市民從被動的接受者變為了健康管理的主體。他們可以更為主動地管理和掌握自己的健康資料，這不僅可以提高他們的健康意識，還可以增加他們對醫療決策的參與度。

- 總結而言，「醫健通」的推出是一個重要的起點，它所帶來的機遇遠大於挑戰。我相信，只要社會各界攜手合作，持續優化和發展，這一系統將成為我們醫療服務的強大後盾，為香港市民帶來更健康、更美好的未來。

LEVEL 3答案比LEVEL 2優勝如下：

- **廣度的涵蓋**：在LEVEL 3答案中，廣度的涵蓋指的是文章所涉及的不同方面和話題的多樣性。這篇答案不僅討論了「醫健通」的技術創新，還談到了公私合作、基層醫療、區域合作等多個方面。通過在一個答案中包含多個相關議題，文章能夠提供更全面的觀點，使面試官能夠對整個問題有更深入的了解。

- **具體細節和例子**：在LEVEL 3答案中，具體細節和例子是指通過引用實際案例、數據或情境，來支持或說明某個觀點。在這篇答案中，提到了「醫健通」可能存在的技術漏洞，以及在公私合作方面的優勢，這些都是通過具體的情況來支持面試者的觀點，增加了文章的可信度和說服力。

■ **前瞻性思考**：在LEVEL 3答案中，前瞻性思考表示對未來可能發展的情況和影響進行思考。在這篇答案中，面試者提到了數據驅動醫療的未來可能性，即通過「醫健通」累積和分析數據來實現更精確的疾病預測、治療方法優化等。此外，還提到了 港澳大灣區內建立真正意義上的醫療協同體的潛在機會，以及市民參與的長期影響。這些展示了面試者對於問題發展的深刻思考，讓面試官能夠更好地預見相關議題的演進。

Level 4 答案（政務主任適用）

這個題目涉及到多個理論和概念，包括：

■ **科技接受模型（Technology Acceptance Model, TAM）**：這個模型關注人們對新科技的接受程度，解釋了為什麼有人對醫健通系統有不同的看法，以及如何提高其接受度。

■ **創新擴散理論（Diffusion of Innovations）**：這個理論關注新創新如何在社會中傳播和被採納，並解釋了為什麼某些人更傾向於嘗試新科技，而另一些人則較為保守。

■ **社會技術理論（Sociotechnical　Theory）**：這個理論強調技術和社會因素之間的互動，認為科技的成功實施需要考慮到技術本身以及相關的社會、組織和文化因素。

■ **公私營合作理論**：這是一個管理學的理論，著眼於公共和私營部門之間的合作，政府希望通過增強公私營合作來提升醫健通系統的效能。

■ **基層醫療發展理論**：這涉及到醫療體系中不同層級的醫療服務發展，政府希望通過促進基層醫療發展來改善醫療服務的可及性和質量。

■ **社會保障理論**：這個理論關注政府如何通過社會保障措施來提供社會福利和保障，支援市民在不同層面的需求，如在粵港澳大灣區內地城市的安老。

■ **服務壓力理論**：這可能關聯到公立醫療系統所面臨的壓力，包括服務需求的增加、資源不足等問題。

■ **健康資訊交換理論**：這個理論關注健康資訊的交換和分享，特別是在跨境範圍內，政府希望加強醫健通系統的互通性。

■ **醫療信息技術（Health Information Technology, HIT）**：這關係到醫療領域中使用的信息技術，包括電子健康記錄系統，以改善醫療服務的交流和管理。

■ **粵港澳大灣區發展策略**：這個策略涉及推動粵港澳大灣區的合作與發展，政府希望透過支援市民在該區域的安老等方式來強化醫健通系統的應用。

以下是投考政務主任的資訊科技系畢業生回應題目的英文示例：

Regarding the further promotion of cross-border electronic medical records, especially within the Guangdong-Hong Kong-Macao Greater Bay Area, I believe it's a critical and beneficial move. My views, using relevant theories, are:

Technology Acceptance Model (TAM):

■ **Perceived Usefulness and Ease of Use:** For the electronic health record system to gain acceptance across borders, it's essential that healthcare professionals in the Guangdong-Hong Kong-Macao Greater Bay Area recognize its direct benefits. These might include more efficient patient diagnostics, swift access to previous treatments, and consolidated medical histories. Equally, the technology's ease of use across different regions with potentially varied IT infrastructures and practices is essential.

■ **Cultural and Regional Training:** Beyond just training for the system's functionalities, understanding regional medical practices, terminologies, and cultural nuances is crucial. The Guangdong-Hong Kong-Macao Greater Bay Area, although geographically close, might have different medical protocols. So, training sessions that account for these differences can help in smooth adoption.

Diffusion of Innovations Theory:

■ **Regional Innovators and Early Adopters:** Within the Greater Bay Area, there will be certain hospitals, clinics, or practitioners known for their innovative approaches. Engaging them as early adopters of the cross-border system can set a precedent. When these regional leaders share their positive experiences, it can encourage a wider acceptance across the bay area.

■ Pilot Programs: Before a full-scale launch, running pilot programs in select institutions or regions can help identify potential challenges specific to the cross-border context. These pilots can offer invaluable insights into how medical data flows between regions and what barriers need addressing.

Health Information Exchange Principles:

- **Cross-border Data Security:** Sharing medical records across borders amplifies concerns about data security. It's not just about securing the data but also ensuring that the data sharing adheres to the medical data regulations of all regions involved. Ensuring robust encryption and data protection measures that are compliant across the Guangdong-Hong Kong-Macao Greater Bay Area is pivotal.

- **Standardization and Interoperability:** Given the cross-border nature of the exchange, it is essential that the systems in each region can communicate with one another. This means having standardized formats, terminologies, and protocols to ensure the seamless exchange of data.

The potential of cross-border electronic medical records in the Guangdong-Hong Kong-Macao Greater Bay Area is vast. But realizing this potential requires a methodical approach, informed by these critical theoretical frameworks.

政務主任必須向考官展示在大學那幾年的學習不是白費的。當然,除了本書的讀者,沒有人能夠完全掌握以上提到的十個理論。然而,考官期望不同主修學系的面試者都能運用相關理論。以下將透過例子加以說明:

- **資訊科技/資訊管理學系**:這些學系通常涵蓋科技接受模型、創新擴散理論和健康資訊交換等相關主題。
- **管理學系**:這裡可能會涵蓋公私營合作理論、社會技術理論和服務壓力等管理相關的理論。
- **公共事務/公共行政學系**:這些學系可能會涉及社會保障理論和基層醫療發展理論,特別是在政府政策和社會福利方面。
- **健康科學/醫療學系**:這些學系通常會探討健康資訊技術、電子健康紀錄系統和醫療服務等相關議題。

■ **城市研究/城市規劃學系**：如果涉及到粵港澳大灣區發展策略，城市相關的學科也可能涉及相關理論。

在Level 4中，答案明顯比前者更出色，其優勝之處在於運用了理論來提升答案的水平。例如，在Level 4的答案中，最後一個論點指出了確保兩地文件格式保持一致的必要性，以防止資訊外洩。這種藉由保持文件格式一致來防止資訊外洩的想法和做法，明顯是有在大學深造理論的精英階層，或者是那些閱讀了本書的讀者才能夠理解的。

以下是有關其他五個醫療類別的時事題面試題目的例子：

1. 在推動跨境使用電子病歷紀錄的過程中，您認為如何平衡確保數據安全和促進醫療資訊的流通？

2. 請討論一下基層醫療發展在強化電子健康紀錄互通系統方面的具體作用，以及政府可以如何支持和加強基層醫療服務的提升？

3. 跨境醫療合作對於香港以及大灣區醫療體系的長遠影響是什麼？您是否認為這種合作對於解決當前醫療資源不足的問題有幫助？

4. 在現今數碼時代，醫療科技日新月異，您如何看待香港政府應該如何保持電子健康紀錄互通系統的更新與進步？

5. 您認為促進公私營合作對於提升香港整體醫療服務的品質和效率有何重要性？請舉例說明可能的合作領域和益處。

5.3 發展與保育

題目：新界北部曾發現有豹貓、蝙蝠及貓頭鷹等野生動物，部分濕地亦有黑臉琵鷺及黃胸　等瀕危物種出沒，政府在發展北部都會區及進行有關工程項目時，有何措施達致發展與保育平衡，以及保護自然生態及野生動物的棲息地，以減少對野生動物及自然生態的影響？

Level 1 答案（助理文書主任適用）

- 環境評估與監測：在進行任何工程項目之前，進行全面的環境評估，確定對當地生態的影響，並持續監測工程項目對野生動物及生態系統的影響。

- 生態補償計劃：建立生態補償計劃，確保在破壞現有生態系統的同時，同時在其他區域進行生態恢復舉措，以確保生態平衡。

- 保護區劃定：確定並劃定保護區，保護珍貴的自然棲息地，禁止在這些區域進行開發，以確保野生動物有安全的棲息地。

- 生態通道與綠化帶：在都會區發展中，保留或建立生態通道和綠化帶，以便野生動物能在不同區域之間遷徙，維持物種間的連結。

- 教育宣傳：進行公眾教育宣傳活動，提高市民對於自然生態及野生動物保育的認識，鼓勵大眾參與保育行動。

- 限制夜間施工：減少在夜間進行工程施工，以減少對夜間活躍的野生動物（如貓頭鷹等）的干擾。

- 建立人工棲息地：在開發區域內建立適合野生動物的人工棲息地，提供食物、水源和遮蔽，以緩解開發對野生動物的影響。

- 引入保育措施：在工程項目中引入保育措施，例如在建築物上安裝鳥巢、蝙蝠屋等，提供野生動物適合的棲息空間。

- 監督與執法：加強監督和執法，確保開發商和相關單位遵守環保法規，不擅自破壞生態環境。

- 跨部門合作：政府不同部門之間的合作至關重要，確保在發展規劃中兼顧生態保育需求，並共同制定可行的保護措施。

Level 1 答案雖然提供了一些基本的保育措施，但在處理題目所涵蓋的複雜性和多樣性方面可能存在以下問題：

- 缺乏深度： Level 1 答案著重於基本的保育概念，但未能提供更深入的技術和策略，這在處理題目所涉及的各種生物物種、生態系統和環境影響方面可能不足夠。

- 不足以應對複雜性： 題目提到的保育挑戰包括野生動物的遷徙、基因流動態、夜行動物干擾等，Level 1 答案未能提供相關的專業知識和技術，無法全面應對

這些複雜情況。

■ 未涵蓋社會影響： Level 1 答案主要關注生態影響，但未提及如何評估和處理工程項目對當地社區和居民的影響，這在現實情況中是一個重要考慮因素。

■ 缺乏具體措施： Level 1 答案提及一些常見的保育措施，但缺乏具體的實施方案和技術，這可能無法在保護生態平衡和野生動物棲息地方面取得實際效果。

■ 過於通用： 有些提到的措施，如環境評估、生態補償、保護區劃定等，過於通用，未能充分反映解決方案的具體性。

Level 2 答案（其他專業職系適用）

■ 生態遷徙模擬與分析： 使用遙感技術和GPS追蹤資料，模擬野生動物的季節性遷徙路線，確定工程項目可能的干擾範圍，並提供遷徙過程中的安全過渡措施。

■ 生態社會影響評估： 除了生態評估外，進行社會影響評估，分析工程項目對當地社區的影響，並與居民合作，確保保育與發展之間的平衡。

■ 生態恢復種植計劃： 設計野生動植物適用的植被恢復計劃，引入本地植物物種，重建受影響區域的生態系統，以支持野生動物的食物和棲息地需求。

■ 夜間光害控制： 考慮到野生動物對人造光源的敏感性，制定夜間施工的限制時間，並在都市區域實施光害控制措施，以減少對夜行動物的干擾。

■ 遺傳多樣性監測： 建立野生動物遺傳多樣性監測計劃，透過DNA分析追蹤物種的基因流動態，確保遺傳多樣性在開發過程中得以保留。

Level 3 答案（行政主任適用）

作為行政主任，我將全力支援並提供必要的行政和資源保證，確保北部的發展與保育能夠協同並進，維護我們珍貴的自然遺產：

■ 人力資源部署與培訓：為了確保開發與保育工作順利進行，我們將調配專業的生態學家和環境工程師至該區域。同時，提供針對生態保育的培訓給所有參與該工程的人員，以確保他們明白工作的重要性和採取適當的工作方式。

■ 資源預算：為確保所提措施得以有效執行，會為這些保育項目提供足夠的財政支持。這包括資金用於生態研究、生態補償、建立人工棲息地等。

- 監督與回饋機制：建立一套有效的監督與回饋機制，確保每項工程均按照保育指引進行。此外，鼓勵員工提供改善建議，並及時反映在地實際情況。
- 社區參與：與當地社區進行持續的溝通，讓他們了解工程進度、保育措施等，並聆聽他們的意見和需求，確保工程能夠兼顧發展和保育。
- 環境友善辦公環境：在工程項目及辦公地方推動環境友善措施，例如使用節能照明、減少光害、設置蝙蝠和鳥類棲息設施等，體現政府對生態保育的決心。
- 協調跨部門工作：在此項目中，可能涉及的政府部門包括：環境保護署（負責環境評估和監測）、漁農自然護理署（負責野生動物保護）、發展局（負責都市規劃和發展）及地政總署（負責土地分配和使用）。我會確保不同政府部門之間的協作無縫，以確保資源得以合理分配，並確保各部門的工作能有效地支持整體保育策略。

Level 3 答案在處理題目所涵蓋的複雜性和多樣性方面表現出色，主要體現在以下兩個方面：

- 系統思考：回答中涉及了人力資源、財政資源、社區參與、環境友善辦公環境等多個方面，這顯示了對整個系統的思考，確保保育措施能夠全面貫徹落實。
- 協調合作：Level 3 答案強調了跨部門的合作，確保各部門間的協調，以實現保育和發展的平衡。這種協調對於確保資源的合理配置和政策的一致性至關重要。

Level 4 答案（政務主任適用）

下列理論可以幫助政府在發展新界北部地區時，找到平衡發展和保育的方法，確保自然生態和野生動物得到適當的保護，同時實現經濟和社會的發展。

- 永續發展理論：　強調滿足當前需求，同時不損害未來世代的能力滿足其需求。該理論影響了全球可持續發展政策。
- 生態足跡理論：　衡量人類活動對地球自然資源的影響，幫助量化發展與生態的平衡。
- 生態系統服務理論：　強調自然生態系統對人類的提供的各種利益，如飲水、水源保護、氣候調節等。

- 可持續土地使用規劃：通過整合社會、經濟和環境因素，確保土地的合理使用，以平衡發展和保育。

- 綠色基礎設施理論： 建立城市綠地和自然區域，以提供生態系統服務、改善環境質量，同時促進城市發展。

- 生態網絡理論：創建連接的生態區域，以維護野生動物棲息地和生態流動，幫助保育物種多樣性。

- 環境影響評估（EIA，Environmental Impact Assessment）： 在開發計劃之前進行評估，以確定可能的環境和社會影響，並提出減緩和修復措施。

- 綠色經濟理論：推動經濟增長與環境保護的結合，透過可持續的綠色產業實現發展和保育目標。

- 多元利益相衝突管理理論：考慮不同利益相衝突的情況，透過公眾參與和協商，找到平衡不同利益的方法。

- 國際保育協定： 例如《生物多樣性公約》和《濕地公約》等，旨在促進全球生物多樣性和自然保護。

以下是投考政務主任回應題目的英文示例：

By understanding the unique ecological and geographical attributes of North District, these theories provide a robust blueprint for conservation efforts tailored to each species' needs.

1. Leopards （豹貓）：

- Theory - Island Biogeography: Given Hong Kong's island nature, this theory can be applied. It suggests that islands have a unique equilibrium of species colonization and extinction.

- Application: Given that the North District is more secluded with patches of forests, it provides a sanctuary for leopards. It's imperative to maintain this seclusion. Corridors can be established between forest patches to ensure leopard populations can intermingle and maintain genetic diversity. Urban encroachments should be minimized to maintain this island-like secluded habitat.

2. Bats （蝙蝠）:

■ Theory - Habitat Fragmentation: When large habitats are divided into smaller patches due to urbanization, species like bats that rely on large areas for hunting and roosting are affected.

■ Application: Recognizing the limestone caves and the unique karst topography present in areas of North District as key roosting and feeding sites for bats, it is crucial to avoid fragmenting these habitats with roads or buildings. Specialized bat bridges or underpasses can be constructed to ensure safe movement across fragmented regions.

3. Owls （貓頭鷹）:

■ Theory - Trophic Cascade Theory: The cascading effect that the presence or absence of top predators has on the subsequent levels in the food chain.

■ Application: Owls, being nocturnal and top predators, require undisturbed habitats for roosting during the day. The dense foliage and canopy layers of the North District forests should be preserved. Adequate measures to reduce urban noise and light pollution can aid in maintaining their natural hunting patterns, ensuring balance in the ecosystem by controlling rodent populations.

4. Black-faced Spoonbill （黑臉琵鷺） and Yellow-breasted Bunting （禾花雀）:

■ Theory - Wetland Conservation: Wetlands are among the most productive ecosystems and provide habitats for many species, including migratory birds.

■ Application: Given the estuarine nature of parts of the North District, maintaining the water quality and preventing reclamation for development is crucial. Mangroves and mudflats should be protected as they serve as feeding grounds. Public awareness campaigns can be launched to promote the significance of these birds and the need for wetland conservation. Additionally, areas can be demarcated specifically as bird sanctuaries with restricted human interference during migratory seasons.

在發展與保育之間取得平衡，是公務員面試和筆試必教議題。坊間質素和本文相比，哪個更優勝？讀者眼光敏銳，必能看出。換句話說，面試者遇到發展與保育平衡問題時，以為答得完美，卻意外落選。許多大學生的答案僅停留在本書Level 1，如綠色旅遊、環保教育、環保規劃等，實在是「放狗屁」。

Level 2的答案可以從生態遷徙模擬和分析著手：運用遙感技術、GPS追蹤資料、遺傳多樣性監測等，無論本科為何，這些都應該是有讀書的大學生應有的回答。至於Level 3，需要對政府運作有深入了解，諸如跨部門合作等。

Level 4方面，考政務主任的考生無需擔心。首先，時事題通常不會有這麼簡單；其次，物種如黑臉琵鷺和黃胸　，考官會提供中文翻譯名。Level 4的答案明顯優於Level 3，一般大學生僅著重發展與保育平衡，提及環境友善辦公環境、夜間光害控制等，但這些屬於一般答案，不是精英水準。精英應能從題目中看到更多，如哪些物種、哪個地點，並將不同物種、北區特色和理論結合，作出回應。

當然，若您表示未曾到訪北區，不瞭解相關事項，那麼您可能未曾走過沙頭角抗戰文物徑，怎麼符合進入愛國愛港特區政府的標準哩？

以下是針對香港不同區域的自然保育和城市發展平衡的面試題目：

1. 香港的東部海岸線是重要的生態區域，同時也是城市發展的熱點。請討論您認為政府在東部地區應該如何平衡推進城市發展和保護當地豐富的海岸生態系統？

2. 九龍地區是香港人口密集的地方，但同時也有一些山地和自然綠地。請提出您的看法，闡述政府應如何在九龍實現城市更新和保留自然綠地之間取得平衡？

3. 香港的離島區包括一些富有生態價值的地方，例如大嶼山和南丫島。在這些地區進行可持續發展時，您會建議哪些策略，以確保保護這些島嶼的自然環境和獨特生態？

4. 新界西北部有著農田、地和自然保護區。在考慮這些區域的發展時，請分享您的看法，政府應該如何平衡促進農業和保護珍貴的自然資源？

5. 香港島地區由於地理狀況較狹小，城市發展壓力較大。請提出您認為的方法，政府應該如何在香港島上實現可持續的建設，同時不損害島上的自然景觀和生態環境？

5.4 打擊罪案

題目：就越來越多詐騙透過即時通訊應用程式（例如WhatsApp）犯案，由於這些應用程式透過在互聯網上運作，並非屬《電訊條例》規管的電訊服務，而且大部分此類應用程式透過非本地註冊公司提供，內容亦經加密，因此本地法例無法規管這些應用程式的運作，而有關訊息無法經由本地電訊商攔截。那政府有何措施打擊使用本地電話號碼發出詐騙訊息的罪案？

Level 1 答案（助理文書主任適用）

■ **加強法律法規：**修改現有法律，以明確界定和禁止透過即時通訊應用程式進行詐騙行為，並制定嚴格的處罰標準。

■ **國際合作：**與其他國家合作，共同打擊跨國詐騙活動，建立信息共享機制，加強協調打擊犯罪行動。

■ **教育宣傳：**加強公眾對詐騙行為的警覺性，提供有關詐騙的教育宣傳，讓人們能夠辨識和避免受騙。

■ **技術解決方案：**合作開發技術工具，幫助用戶辨識潛在的詐騙訊息，例如警示系統或黑名單。

■ **訊息監控：**與即時通訊應用程式提供商合作，開發訊息監控機制，針對可疑活動進行監測和報警。

■ **加強網絡安全：**提升本地網絡基礎設施的安全性，減少詐騙分子利用漏洞進行攻擊的機會。

■ **建立舉報機制：**設立匿名舉報渠道，讓受害人或公眾能夠匿名報告詐騙活動，協助執法機構展開調查。

■ **優化監管框架：**考慮修訂現有法規，以適應科技進步，確保新興通訊技術也受到適當監管。

■ **行業合作：**與即時通訊應用程式提供商合作，制定行業標準，加強對可疑帳戶的審查和管理。

■ **執法力量強化：**增加執法機構的人力和資源，專門打擊詐騙行為，並加強數位取證和調查技能的培訓。

Level 2 答案（其他專業職系適用）

實施短訊發放人登記制度：政府計劃推出短訊發放人登記制度，以協助市民識別短訊發送者的真偽，特別是在短訊詐騙情況下。該制度的主要目標是要求短訊發送者在發送短訊之前進行登記，這樣接收者就能夠確認短訊的真實來源。此制度旨在減少市民受到偽造或詐騙短訊的影響，增加短訊的可信度。具體實施方法可能包括以下步驟：

■ **登記程序**：短訊發送人可能需要在登記系統中提供其個人或公司的身份信息，以確認其真實性。

■ **驗證機制**：登記過程可能需要驗證短訊發送人的身份，例如透過電子郵件驗證、手機驗證碼等方法。

■ **登記紀錄**：短訊發送人的登記信息將與其發送的短訊相關聯，以供接收者查閱。

■ **可信指示**：短訊中可能會顯示有關發送人的標識，幫助接收者判斷短訊的真實性。

這項制度的實施將有助於防止短訊詐騙，使市民能夠更準確地辨識真實的短訊來源，減少受騙的風險。

電訊商合作：政府與電訊商合作，針對詐騙性電話號碼和網站進行封鎖和阻截，以減少市民受到詐騙的影響。這項合作是針對釣魚短訊和其他類型的詐騙，尤其是涉及假冒銀行或其他機構的詐騙。

具體措施可能包括：

■ **封鎖號碼**：根據警方提供的詐騙紀錄，電訊商可以封鎖涉嫌參與詐騙的電話號碼，以防止詐騙分子繼續使用這些號碼。

■ **阻截網站**：如果詐騙短訊包含可疑的超連結，電訊商可以阻截用戶訪問這些網站，以避免用戶進一步受騙。

這項合作使電訊商能夠更積極地參與打擊詐騙行為，保護用戶免受詐騙的威脅，同

時幫助執法機關追蹤並制止詐騙活動。這樣的合作對於維護通訊網絡的安全性和公眾的利益至關重要。

Level 2 答案在提出具體方法時更為具體和實用。它提出了實施短訊發放人登記制度和電訊商合作兩個主要措施。這些措施相對具體，能夠在實際操作中執行，並且有助於提高市民對短訊真實性的辨識能力，從而減少受騙風險。這比 Level 1 答案中列舉的一些一般性方法更為實質，因此在應對問題時更具效用。

Level 3 答案（行政主任適用）

當面對透過即時通訊應用程式進行詐騙行為時，政府可以採取以下三個主要措施，以更有效地打擊此類犯罪活動：

- 法律法規優化與技術解決方案的結合：政府可以進行法律法規的優化，以填補法律盲點，確保即時通訊應用程式上的詐騙行為能夠被規範。這可以包括修改現有法律，明確定義和禁止透過即時通訊平台進行的詐騙行為，並設立嚴格的處罰標準，使得詐騙分子能夠面臨足夠的法律制裁；同時，政府也應該與科技公司合作，共同開發技術解決方案，以幫助用戶辨識潛在的詐騙訊息。一個有效的方式是建立一個警示系統，當用戶接收到疑似詐騙訊息時，系統能夠自動標記該訊息，提醒用戶注意。這樣的技術工具可以加強用戶的警覺性，使他們更能夠避免受騙。

- 跨國合作和教育宣傳：當詐騙行為涉及跨國性質時，政府應積極參與國際合作，與其他國家的執法機構建立有效的協作機制。這包括分享情報、協調行動，共同打擊跨境詐騙活動。這樣的合作能夠增加執法的效率，迅速追蹤詐騙分子的活動，並進行適當的打擊；同時，政府可以通過教育宣傳活動提升公眾對詐騙行為的警覺性。透過多種媒體渠道，向市民介紹各種詐騙手法，提供真實案例，並分享預防詐騙的實用建議。這將使市民更能夠辨識潛在的詐騙，並在受騙之前加以防範。

- 電訊商合作與監管框架優化：政府可以與本地電訊商合作，制定更強有力的措施，以減少詐騙訊息的傳播。一個可行的方法是建立一個即時通訊訊息監測機制，使電訊商能夠識別和封鎖可疑的訊息。這需要與電訊商合作，開發先進的技術來實現訊息內容的實時監控，從而減少詐騙行為的擴散；同時，政府也應該檢討現有的監管框架，以確保其能夠適應科技的迅猛發展。隨著通訊技術的不斷變化，監管也需要保持靈活，以確保新興的通訊平台也能夠受到適當的監管。

Level 3 答案更為詳盡和深入，它提供了一個更全面的方法來應對這個問題。它不僅僅停留在單一措施上，而是提出了多個方面的措施，並且在每個方面都進一步細化了方法。例如，它講述了法律法規優化和技術解決方案的結合、跨國合作和教育宣傳、以及電訊商合作與監管框架優化等。這些方法的綜合應用可以更有效地應對這個問題，從而降低詐騙活動的風險。

Level 4 答案（政務主任適用）

下列學術理論可以幫助深入理解詐騙罪案背後的社會、心理和法律因素，並提供框架來研究和應對這種類型的犯罪行為。

- **社會學理論**：在此情境中，社會學理論可以被運用，特別是關於犯罪的社會因素、犯罪者行為的社會背景，以及社會結構對犯罪行為的影響。例如，這種理論可以分析詐騙者是如何利用社會聯繫、社交工程和社會不平等來犯罪。

- **傳播學理論**：這種理論關注信息的傳播和影響。在此情境中，傳播學理論可以探討詐騙訊息如何在社會中傳播，受害者為何容易受到欺騙，以及如何透過媒體和溝通管道來教育和警示公眾。

- **犯罪心理學理論**：這種理論探討犯罪者的心理過程、動機和心理特徵。在此情境中，犯罪心理學理論可以深入研究詐騙者的心理動機，例如他們如何誘騙受害者，以及如何利用心理戰術進行詐騙。

- **犯罪學理論**：這種理論涵蓋各種犯罪行為和犯罪者特徵，有助於了解犯罪現象。在此情境下，犯罪學理論可以探討為什麼某些人會選擇利用本地電話號碼進行詐騙，以及他們可能的犯罪背景。

- **科技犯罪學理論**：這種理論專注於科技犯罪，探討犯罪如何利用科技，以及如何利用技術手段進行打擊。在此情境下，科技犯罪學理論可以探討詐騙者如何利用通訊應用程式來進行犯罪，以及政府如何回應這些挑戰。

- **刑法學理論**：這種理論研究刑法的哲學基礎、法律解釋和刑罰原則。在此情境中，刑法學理論可以探討如何將現有的刑法框架應用於打擊使用本地電話號碼發出詐騙訊息的罪行。

一位投考政務主任的面試者分享了他/她在面試時心中所描繪的答案草稿：

	前設困難	闡釋方法	配合理論
1 區塊鏈技術	由於許多即時通訊應用程式由非本地註冊公司提供且內容經加密，本地法律難以干預其運作。	區塊鏈技術為分散式帳本，提供了一種公開、透明的方式來驗證和記錄交易。透過區塊鏈，任何訊息或交易的更改都會被記錄，並可供所有參與者檢視。即使即時通訊應用程式經加密且不受《電訊條例》規管，區塊鏈技術仍可提供一種機制，使得當詐騙或不正常活動發生時，受害者和調查機構可以參照區塊鏈上的記錄來追踪和認證事實。	區塊鏈技術可以被視為科技犯罪學理論的一個應用，因為它關注的是如何利用技術手段來打擊犯罪。在這種情境中，區塊鏈技術被用來追踪和驗證交易，防止詐騙行為，這與科技犯罪學理論的關注點相符。
2 AI 監測	由於應用程式的訊息內容經加密，使得本地法律難以規範或攔截。	AI監測不必完全依賴對訊息內容的審查。AI可以透過學習用戶的行為模式和常見的詐騙策略，例如頻繁的大筆交易、疑似的自動化行為或與已知詐騙策略相符的行為模式，從而識別可能的詐騙行為。即使訊息是加密的，AI還可以分析其他指標，例如訊息發送的頻率、時長和節奏等，以識別可疑行為。	AI監測方法使用機器學習和行為分析來識別可能的詐騙行為。這涉及理解犯罪者的心理動機和戰術，以便識別可疑行為。這與犯罪心理學理論的目標相符，後者關注犯罪者的心理過程和動機。
3 實施透明度報告	這些應用程式大部分由非本地註冊公司提供，因此很難被本地法律所規範。	即使這些即時通訊應用程式不受本地法律直接規範，透明度報告可以作為一種自律機制。藉由定期公開他們是如何處理詐騙、不正常或可疑活動的報告，這不僅可以提升公眾的信任，還可以鼓勵公司提高他們的安全標準。對於那些不提供透明度報告的應用程式，消費者和業界組織可以透過抵制或其他手段，施加壓力使其改變態度。	這與傳播學理論相關，理論關注信息的傳播和影響，並強調如何透過媒體和溝通管道來教育和警示公眾。

一般來說，大部分不合格的考生所提供的答案只是在強調加強教育和打擊措施，卻未能真正回應題目。實際上，我對Level 2的答案也不太滿意，因為僅僅集中在使市民能夠更準確地識別短訊真實來源以及鼓勵電訊業者更積極參與打擊詐騙行為這兩個方面，但缺乏深入。而Level 2的答案則提供了非常具體的方法，這確實使其得到更高的評分。

然而，Level 3的答案能夠聚焦於問題的前提條件，也就是現有處理問題的局限，而這正是其他考生常常忽略的部分。當然，Level 4的答案更加出色，因為它能夠結合創新的方法並融合相關理論來進行解釋。相比之下，其他考生可能連區塊鏈是什麼都不清楚。

下列題目可以引出對於香港現有法律和制度的討論，以及如何在特定情況下改進法規，提高執法效率，並保護市民的利益。同時，也能考察面試者對於社會議題和法律問題的分析和解決能力。

1. 最近，香港出現多宗涉及網絡金融詐騙的案例。這些案件通常涉及網站或社交媒體平台上的虛假廣告，承諾高回報的投資計劃，誘使投資者付款後便失去聯繫。雖然《刑事罪行條例》有關詐騙罪的條款，但由於涉及網絡跨境交易，取證和追蹤資金流動變得更加困難。您認為應該如何修改法例或加強執法合作，以應對這類網絡金融詐騙？

2. 有多宗個人隱私在網絡上遭到侵犯的案例，包括非法收集、使用或洩露個人資料。雖然《個人資料（私隱）條例》規定了私隱保護的原則，但隨著科技進步，這些案件的數量有增加的趨勢。您認為政府應該如何加強執行和監管，以保護市民的網絡私隱？

3. 近期，多宗在香港國際機場截獲的禁藥走私案引起關注。儘管香港有關毒品條例，然而，這些案件顯示國際毒品販運網絡能夠巧妙地利用跨境運輸通道進行活動。您認為香港應該如何加強與國際合作，以打擊跨境毒品走私？

4. 某公司在不經授權的情況下進行工業活動，導致大量污染物排放，污染了周邊環境。雖然《環境保護條例》對於環境保護有明確的規定，但執行面對挑戰，尤其是需要充足的證據來支持指控。您認為政府應該如何增強環境法規的執行，以減少這種類型的環境污染違規行為？

5. 家庭暴力是一個嚴重的社會問題，但有時受害人因為擔心報警會引來更大的風險而選擇保持沉默。雖然《家庭暴力（緊急保護令）條例》提供了一些保護措施，但如何在保護受害人的同時確保執法機構能夠及時干預仍然是一個挑戰。您認為政府應該如何提供更多支援給受害人，並加強家庭暴力案件的預防和處理？

5.5 青少年教育

題目：有調查指出，超過三成青少年每日玩電子遊戲（俗稱「打機」）至少三小時。有意見認為，教育局現時推行的「健康校園政策」以禁毒為重點，當局應否將防止打機成癮納入該政策，並推出相應的預防教育與輔導支援服務；如應該，詳情為何；如否，原因為何？

Level 1 答案（助理文書主任適用）

除了言之成理，答案的重要性還在於是否包含以下概念或知識，至少應包括以下五個要點：

- **健康校園政策的全面性**：將防止打機成癮納入政策有助於全面保護學生的健康。
- **成癮可能性**：電子遊戲成癮可能對學習和社交產生負面影響，需提供相關預防教育。
- **資訊素養的延伸**：政策可透過延伸資訊素養教育，教導學生正確使用數位產品，減少遊戲沉迷。
- **輔導支援**：提供專業輔導支援，幫助受遊戲成癮困擾的學生。
- **家庭責任**：家長在監督娛樂活動方面也有重要角色。
- **教育平衡**：學校應在教育中找到適當平衡，幫助學生適應數位社會。
- **社交健康**：關注遊戲成癮對學生社交健康的影響。
- **學習影響**：遊戲成癮可能對學習造成影響，需要關注處理。
- **預防教育**：提供預防教育，幫助學生識別遊戲成癮徵兆。

■ **現實適應**：幫助學生適應數位化的社會現實，建立正確數位生活習慣。

Level 2 答案（其他專業職系適用）

正方觀點（應該將防止打機成癮納入「健康校園政策」）：

■ **健康校園政策的全面性**：「健康校園政策」旨在促進學生的生理、心理和社交健康。打機成癮可能對這些方面造成負面影響，因此將防止打機成癮納入政策能夠更全面地保護學生的健康。

■ **成癮可能性**：電子遊戲的確存在成癮性，青少年容易陷入無節制的遊戲中，對學習和人際關係造成負面影響。政策應提供相應的預防教育，幫助學生識別和應對遊戲成癮的徵兆。

■ **資訊素養的延伸**：政策可以延伸現有的資訊素養教育，教導學生如何正確使用電子產品和網絡，培養良好的數位生活習慣，從而減少對電子遊戲的沉迷。

■ **輔導支援**：進一步提供專業的輔導支援，協助受到遊戲成癮困擾的學生。學校的輔導人員和心理學家可以提供必要的幫助，幫助學生克服成癮問題。

反方觀點（不應將防止打機成癮納入「健康校園政策」）：

■ **焦點分散**：「健康校園政策」的主要目標是發展學生的綜合健康，將防止打機成癮納入政策可能使政策目標變得模糊，不再專注於其原本的重點。

■ **家庭責任**：防止打機成癮不僅僅是學校的責任，家長在監督孩子的娛樂活動方面也有重要角色。將成癮問題納入學校政策可能削弱家庭在教育中的責任。

■ **個體差異**：不是每個學生都會對電子遊戲成癮，將其納入政策可能導致一種「一刀切」的情況，對於不受影響的學生而言可能感到不公平。

■ **適應現實**：現今的社會是數位化的，電子產品和遊戲已成為生活的一部分。學校應該幫助學生適應這種現實，而不是過度限制，達到教育的平衡。

Level 3 答案（行政主任適用）

我認為教育局應該將防止打機成癮納入「健康校園政策」，並推出相應的預防教育與輔導支援服務。以下是相關詳情。

應該納入政策的理由：

- **學術研究支持**：根據調查結果，有相當比例的青少年每日打機時間超過三小時，這可能對他們的學業、心理健康和社交關係產生負面影響。相關的學術研究支持這種影響，這正好符合「健康校園政策」的目標。

- **社會關注**：香港社會對青少年打機成癮的關注越來越高，家長和專業人士對此感到擔憂。政府的政策應能夠回應社會需求，並確保學生的全面發展。

- **教育局政策方向**：若教育局將「健康校園政策」視為一個能夠全面保障學生健康的框架，則納入防止打機成癮相關內容是合理的延伸。

- **專業意見**：香港的心理學家和教育專家對於青少年打機成癮問題表示關注。他們的專業意見能夠提供重要的指引，幫助制定出符合實際需要的政策。

- **家庭角色**：雖然家庭在監督孩子的打機行為方面扮演重要角色，但教育機構也應該為學生提供相關的教育和輔導，以協助他們建立健康的數位生活習慣。

具體措施和支援服務：

- **預防教育**：將防止打機成癮的預防教育納入學校課程，教導學生識別遊戲成癮徵兆，並提供正確使用電子設備的技巧。

- **輔導支援**：學校應該設置專業人員，如輔導員和心理學家，以提供受影響學生的輔導支援。這些專業人員可以幫助學生克服成癮問題，並提供家長有關監督的建議。

- **家長合作**：學校和家長應該合作，共同關注學生的電子遊戲使用情況，並確保在家庭和學校之間形成協調的監督機制。

- **學生參與**：學生在制定相關政策和措施時應參與其中，確保這些措施符合他們的實際需求和經驗。

- **資源提供**：教育局可以提供相關的資源，如教材、培訓和宣傳材料，以支持學校實施防止打機成癮的教育和輔導活動。

Level 4 答案（政務主任適用）

這個題目涉及到青少年電子遊戲成癮的問題，以及是否將防止打機成癮納入教育局的健康校園政策。以下是十個相關的學術理論，可以幫助你分析這個問題：

- 成癮理論（Addiction Theory）：探討成癮行為的成因、發展過程，以及治療方法，有助於了解電子遊戲成癮的可能機制和因素。
- 認知理論（Cognitive Theory）：關注思維、信念和情感對行為的影響，可以用來分析青少年為什麼容易陷入遊戲成癮。
- 社會學理論（Sociological Theory）：研究社會環境對個體行為的影響，可以幫助理解家庭、學校和同儕關係如何影響青少年的遊戲行為。
- 自我決定理論（Self-Determination Theory）：關注個體內在動機對行為的影響，有助於理解青少年參與電子遊戲的內在動機。
- 心理生理學理論（Psychophysiological Theory）：研究心理過程和生理反應之間的關係，可用來解釋遊戲成癮可能引起的生理變化。
- 行為主義理論（Behavioral Theory）：探討行為如何受到獎勵和懲罰的影響，有助於分析遊戲成癮行為的獎勵系統。
- 社會學習理論（Social Learning Theory）：關注透過觀察和模仿他人來學習行為，可以解釋青少年可能是如何通過社交網絡受到遊戲成癮的影響。
- 自我調整理論（Self-RegulationTheory）：研究個體如何管理和調節自己的行為，可以用來探討如何幫助青少年管理遊戲時間和成癮風險。
- 文化影響理論（Cultural Influence Theory）：分析文化對青少年價值觀和行為的影響，可幫助理解不同文化背景下對遊戲的看法。
- 教育政策理論（Educational Policy Theory）：探討教育政策如何影響學生的學習和行為，可以用來評估將防止遊戲成癮納入健康校園政策的可行性和效果。

以下是投考政務主任回應題目的英文示例：

In my considered judgment, and upon scrupulous examination of the theoretical postulations proffered, I am compelled to postulate the potential imprudence of interpolating prevention measures for gaming addiction within this policy frame-work. I wish to provide an exegesis on this vantage point, duly predicated upon the tenets of Addiction Theory, Cognitive Theory, and Sociological Theory.

The Addiction Theory, quintessential in its capability to illuminate the origination, metamorphosis, and plausible rectifications for addictive proclivities, is pivotal in our discourse about gaming addiction. Its connotation vis-à-vis the quandary in focus accentuates the imperative of cognizance concerning the sophisticated mechanisms that actuate gaming addiction. Nevertheless, it is of paramount importance to delineate the chasm between substance addiction and behavioral compulsions such as gaming. Ergo, albeit the profound insights of this theory, amalgamating gaming addiction within an anti-narcotic framework could obfuscate distinctions, potentially attenuating the policy's potency.

Through the prism of the Cognitive Theory, we are conferred with an enlightened perspective on the psychological substratum determining youth vulnerability to the clutches of gaming addiction. The enveloping ambience of video games, synergized with the seduction of accolades and societal acknowledgment, germinates an environment conducive to addictive predilections. Yet, by invoking this theory, it becomes patently manifest that pedagogical policies should be bespoke, designed with precision to address the psychological convolutions intrinsic to gaming addiction. Incorporating it within a more encompassing anti-narcotic policy might not resonate with this requisite precision.

The Sociological Theory, by illuminating the monumental reverberations of societal matrices on individual comportment, beckons us towards a deeper comprehension of familial interplay, camaraderie dynamics, and academic environments. It bequeaths the sagacity that the propellants fueling gaming addiction are kaleidoscopic in nature. Nonetheless, entwining gaming addiction with an anti-narcotic policy might truncate its multifarious nuances. An efficacious redress mandates a bespoke strategy, one which venerates the idiosyncratic nuances of gaming addiction.

In synchrony with these theoretical paradigms, I am steadfast in my conviction that the augmentation of the "Healthy School Campus Policy" to encapsulate gaming addiction prevention might not epitomize the zenith of strategic initiatives. Gaming addiction, an issue of significant gravitas, demands an astute modus operandi that venerates its behavioral characteristics and the plethora of variables nurturing it. A discrete, meticulously crafted campaign that harnesses these theoretical underpinnings whilst simultaneously recognizing the distinct facets of gaming addiction could potentially yield superior efficacy.

許多考生容易將重心放置錯誤，重要的焦點不在於是否應該關注青少年打電玩這個涉及阿媽性別的議題，而是是否應該將這個問題納入正式政策中。需要注意的是，所有學校和教育機構都可能會面臨學生嚴重沉迷電玩的情況，因此問題的核心是，是否應該將這個議題納入正式政策之中。若無法理解上述論點，建議購買本書多作閱讀，否則可能會影響面試的通過。

因此，回答的方向並不在於討論青少年打電玩的嚴重性及處理方法，而是要分析影響是否將一個議題納入政策的因素。例如，在Level 3中提到的學術研究支持，以及香港家庭普遍由雙職工父母主導，可能難以有效監管等因素，都需要納入分析中。同時，也要將香港的特殊情況納入考量。值得記住的是，這個題目的關鍵是分析影響一個議題是否適合納入政策的因素，希望你能理解這一點。

至於Level 4的回答當然與一般的見解不同，精英經常喜歡以獨特的方式回答問題，例如在答案中首先論述delineate the chasm between substance addiction and behavioral compulsions such as gaming，然後引用不同的論點來解釋他們的立場。

這份文本在Level 1和2中提供了兩種不同的回答方式，Level 3中示範了更詳盡的支持回答，而Level 4則示範了更詳盡的反對回答。希望大家仔細閱讀，同時也要考慮自己的能力，因為Level 4的答案確實更加深入。最後的論據提到It bequeaths the sagacity that the propellants fueling gaming addiction are kaleidoscopic in nature，完整地凸顯了考生對於電玩成癮和物質成癮這兩個問題的深入理解，以及處理這些問題的方法。另外kaleidoscopic in nature是英文辯論隊常用字詞，亦凸顯了考生對英文的深造。

選擇適當的連接詞可以幫助讀者更好地理解和追蹤作者的論點和思路。以下是其中

的十個深入的「連接詞」（connectives）以及它們的繁體中文解釋：

- vis-à-vis - 就...而言、與...相對
- Nevertheless - 然而、但是
- Ergo - 所以、因此
- Yet - 然而、但是
- Through the prism of - 透過...的角度
- Nonetheless - 儘管如此、然而
- In synchrony with - 與...同步、和...一致
- albeit - 雖然、儘管
- predicated upon - 基於...、以...為基礎
- beckons us towards - 向我們示意、吸引我們前往

以下是針對不同的青少年教育面試問題：

1. 香港的學業壓力一直被視為學生面臨的首要挑戰，與此相關，心理健康問題及自殺率的上升引起社會廣泛關注。您認為教育局應如何改革教育體系或提供相應的資源，以緩解學生的壓力並提供必要的心理支援？

2. 隨著社交媒體的普及，網路欺凌現象在香港的學生群體中逐漸增多。教育局應如何建議學校與家長合作，教育學生建立健康的網路使用習慣，並應對網路欺凌？

3. 當前的教育體系主要著重於學術成就，但市場對於職業技能和人際溝通能力的需求逐漸增強。您認為教育局應該如何調整課程，確保學生不僅具備學術知識，還能為未來的職業生涯做好準備？

4. 近年來，香港部分青少年因受到外界誘惑或好奇心驅使，嘗試使用非法藥物。教育局應如何建議學校和家長合作，建立全面的毒品教育和預防策略？

5. 香港的快節奏生活和工作壓力可能導致家庭間的溝通和關係疏遠。在學校環境中，您認為應如何強化和培養學生的家庭價值觀和溝通技巧？

Chapter **06**
職系題

6.1 引言 - 職系題

在職系題方面的培訓網上資源和坊間往往都是重覆兼無聊。舉例而言，在運輸面試中，若有市民向您投訴巴士經常脫班並且出口大罵，您將如何處理？再舉一例，若有市民向勞工署投訴被拖欠薪金，而您作為勞工署代表指出未過七天工資到期日則不能立案，但市民卻賴在辦公室不肯離開，您將如何處理？這些案例皆屬同一類型題目。在之前的章節「5.4　管理市民」中已經詳細描述相關答案及所運用的理論。同樣，在接下來的章節「7.2 顧客服務 - 助理文書主任」中也將提供進一步示範。

因此，職系問題基本上皆可運用以往的理論和方法進行回答。在這篇文章中，我將僅選取一些之前未涉及的特殊職系問題進行分析。另外，政務主任的考試方式非常特殊，涉及全英文且考核形式各有不同。若非投考政務主任，可將此部分，即「7.6 政務主任 - 兩輪考試」略過。

6.2 顧客服務 - 助理文書主任

題目：一位市民每天都會致電辦事處投訴各項事宜，包括清潔和保安等問題。今天，該市民又再致電辦事處，劈頭說道：「XYZ，你地點X做嘢架，XYZ，朝頭早在走廊地 上啲垃圾，到而家仲未有人清潔？XYZ，再系咁，我會向總部同報紙投訴，話你地失職，XYZ。」 您如何處理？

不合格答案包括：

- **聆聽和確認投訴內容**：耐心聆聽市民的投訴，確保您理解了他們的問題和不滿。在聆聽的過程中，避免打斷對方，以確保他們能夠充分表達自己的意見。

- **表達理解和同理心**：表達您理解市民的困擾，並表示您明白他們為何感到不滿。這有助於建立信任和開放的溝通氛圍。

- **道歉並承諾處理**：如果確實存在問題，請誠摯地向市民道歉，並承諾儘快解決問題。您可以解釋一下目前的處理狀況，以及您將如何進一步處理該問題。

- **提供解決方案**：與市民討論解決問題的不同方案，以確保他們能夠參與並理解解決的過程。詢問他們是否有任何建議或意見，這有助於增加他們參與的參與感。

- **保持透明溝通**：在解決問題的過程中，保持與市民的透明溝通。如果有進一步的進展或改變，及時地通知他們。

- **記錄和追蹤**：確保將該投訴紀錄下來，以便在未來的溝通中能夠隨時查閱。追蹤問題的進展，確保解決方案得以實施。

- **感謝並結束**：在處理過程結束時，向市民表示感謝他們的反饋和耐心，並再次確認您對解決問題的承諾。

合格答案包括：

- **保持冷靜**：不論對方如何表現，您都應保持冷靜。避免情緒激動，以免情況進一步升級。

- **尊重和同理**：用尊重的態度回應，例如：「我明白您有些不滿，我願意傾聽您的問題。」這樣的開場白能夠顯示您對他們的尊重和關心。

- **專注聆聽**：　讓對方表達他們的想法，不要中斷。他們可能只是需要一個傾聽者。

- **回應他們的情緒**：您可以說：「我理解這對您來說是個困擾，我會盡力幫助您解決。」

- **避免辯論**：　不要與他們辯論，不論他們的言論是否合理。您的目標是緩解他們的情緒，而不是爭吵。

- **提供實際幫助**：根據他們的投訴，嘗試提供一些可能的解決方案，即便您知道他們的問題可能不太現實。

- **建議尋求協助**：如果他們的言行變得過於激動或威脅性，建議他們尋求適當的專業協助。

- **保護自己的安全**：如果對方的言行變得威脅性，您的安全是最重要的。在這種情況下，可以考慮請求其他同事協助。

高分答案包括：

當公務員遭受「辱罵(例如粗言穢語和謾罵)時」，可採取以下處理辦法，參照相關指引及文件：

根據《公務員的職業安全和健康-工作時的人身安全》（公務員事務局通告第6/2014號）及效率促進組的《處理公眾投訴及查詢指引》(2009)，應保持冷靜和尊重的態度：

- **保持平和聲調：** 在遭受辱罵時，公務員應保持平和的聲調，不應回應同樣的情緒。
- **有禮地警告：** 若對方辱罵，公務員可以有禮地警告對方，表示如果該行為繼續，對話或會面將被終止。
- **最多兩次警告：** 若對方不聽警告，不停止辱罵行為，公務員最多可以提供兩次警告。
- **終止對話或會面：** 如果對方在兩次警告後仍然不約束自己的言行，公務員可以選擇終止對話或會面。
- **求助：** 如果情況惡化，公務員應尋求附近的同事、主管、保安人員或警員的幫助。
- **根據指引行事：** 部門應訂明在特定情況下的處理程序，以確保公務員遵循相關指引處理。

評分準則

不合格的答案之所以不合格，是因為它們雖然提及了一些基本的溝通技巧，但卻沒有充分地考慮可能出現的複雜情況。這些答案似乎只是簡單地列出了一些步驟，而沒有深入探討如何處理潛在的衝突或困難。

合格的答案在強調保持冷靜、尊重和同理心的基礎上，還強調了專注聆聽、回應情緒、避免辯論等關鍵步驟。這些要點非常重要，因為在處理投訴時，不僅需要傳達出我們的理解和關心，還需要真正傾聽對方的問題，並採取適當的方式回應，避免升級矛盾。

然而，高分的答案則更進一步，提供了具體的法規指引和建議，尤其針對可能出現的「辱罵」情況。根據相關法規和指引，公務員應該保持冷靜，平和地回應，提供最多兩次警告，然後在必要時終止對話。這種答案不僅有理論支持，還給出了明確的處理步驟，以確保公務員在面對不當言行時能夠有條不紊地採取行動，保護自己的權益和安全。

高分答案的優勢在於它不僅僅停留在表面層面的溝通技巧，還提供了更深入、更專業的處理方法，具有更高的實用性和可操作性。這種答案顯示了回答者對相關法規和指引的了解，以及對複雜情況的考慮和應對能力。在實際操作中，這樣的策略更有可能在維護良好溝通的同時，處理好潛在的衝突局面。

總結

許多合約性非公務員的員工對於公務員守則已經耳熟能詳。因此，當面對顧客服務相關問題時，大部分人（除了未閱讀本書的讀者和未曾在政府部門工作的人）都能夠給出高分的答案，例如明確指出給予兩次警告等條款。其他類似面試題目：

1. 一位自稱為「停車專家」的市民，對香港市政府的交通局提出請求，要求為他保留一個獨一無二的停車位，位於尖沙咀的標誌性購物區，理由是他的「特殊停車需求」。您如何處理？

2. 某市民向香港規劃署提交一份獨特的建築計劃，試圖在中環金融區建造一座巨大的奇幻宮殿，以展示他的「創意天賦」，並呼籲政府對其計劃提供大力支持。您如何處理？

3. 一位網絡愛好者致電政府資訊科技總監辦公室，提出令人匪夷所思的請求，要求為他提供一條「個人高速網絡專線」，讓他可以無論何時何地都能以超音速上網。您如何處理？

4. 一位市民不滿香港的天氣，向香港天文台提出申請，要求政府提供他「專屬氣象控制」技術，以調整城市的氣候，以實現他所謂的「完美天氣」。您如何處理？

5. 一位市民撥打緊急熱線999，堅持要求緊急通訊以及緊急相關機構為他提供「事故優先處理」，無論事件大小，都要確保他的安全優先考慮，並願意採取極端行動以證明這個需求的重要性。您如何處理？

相信看到這，你會開始明白為什麼那些聆聽和確認投訴內容、道歉並承諾處理等答案，全部被列為不合格。用這些方法來對付那些願意採取極端行動以證明他們能獲得「事故優先處理」的市民，絕對是不合適的。

所以不要輕信坊間的培訓課程或網上的答案，這本書才是權威之所在。

6.3 法例漏洞 ——
二級助理勞工主任

題目：「零工經濟」（gig economy）的興起，為工作者帶來了全新的工作機會和靈活性。近年來，香港涌現了食物送遞和網約車服務等平台公司，推動更多人以全職或兼職方式參與零工。然而，傳統的勞工保障制度未能適當地保障這些工作者，因其僅將其歸納為「自僱人士」，無法讓他們享有勞工法律賦予「僱員」的保障。

在您看來，「零工經濟」工作者是否因未獲香港勞工法賦予「僱員」保障而不合理？若是，您又將如何說服工商界擴展勞工保障至「零工經濟」工作者？若否，「零工經濟」工作者的權益又如何得以保障？

不合格答案包括：

正面觀點：「零工經濟」工作者因未獲香港勞工法賦予「僱員」保障是不合理的。雖然這種工作模式為工作者提供了更多的彈性和機會，但他們仍然需要基本的勞工權益和保障。這些工作者在平台上提供勞動力，實際上已成為公司業務的一部分，因此他們應該享有相應的權益。要說服工商界擴展勞工保障至「零工經濟」工作者，可以從以下角度進行：

■ **公平競爭**：在零工經濟中，許多平台公司依賴這些工作者為其業務提供支持。如果這些工作者在工資、工時和工作條件方面缺乏保障，將可能導致不公平的競爭環境，損害到那些遵守法規的企業。

- **社會穩定**：缺乏勞工保障可能導致工作者在經濟不穩定時面臨更大的風險，進而影響整個社會的穩定。合理的保障措施有助於減輕工作者的經濟壓力，維護社會穩定。

- **法律與道德**：在現有法律體系下，如果平台公司將工作者歸類為「自僱人士」，可能僅為了規避法律責任。然而，這種做法可能違背基本的道德原則，應該受到約束。

反面觀點：「零工經濟」工作者未獲香港勞工法賦予「僱員」保障並不一定不合理。雖然這些工作者在某種程度上缺乏傳統僱員的保障，但也不能忽視以下因素：

- **自主性**：零工經濟的工作者通常可以自由選擇工作時間和工作場所，這種自主性是他們選擇這種工作方式的一個主要原因。這也可能意味著他們不太需要傳統僱員的某些保障，因為他們可以根據自己的情況進行調整。

- **價值交換**：這些工作者可能會因為提供彈性和即時的服務而得到更高的報酬。他們可以自行評估工作風險和報酬，並在此基礎上做出選擇。

- **社會責任分擔**：一些零工經濟平台公司已經開始提供一些保障，如意外保險、健康保障等，以平衡工作者的需要。然而，這也可能讓平台公司負擔不起過多的成本，進而影響到他們的可持續發展。

合格答案包括：

正面觀點：雖然「零工經濟」在香港的興起為工作帶來了更大的靈活性，但將這些工作者排除在傳統勞工保障制度之外可能不太合理。零工經濟工作者對於平台業務的運作至關重要，他們的勞動貢獻應被重視並受到適當的保護。如何說服工商界擴展保障至這些工作者，可以考慮以下因素：

- **特殊職業需求**：零工經濟工作者的工作性質與傳統全職職員有所不同，這也許需要特殊的保障機制。舉例來說，送遞員和網約車司機可能需要更適合他們工作環境的法律規定，以確保他們的工作安全和報酬公平。

- **合理的工時和報酬**：由於零工經濟工作者的工作時間通常更加靈活，適當的工時安排和報酬應能夠反映他們的工作實際情況。這有助於確保工作者在維持工作靈活性的同時，也能獲得合理的收入。

- **保障的共同分擔**：對於一些可能因為成本壓力難以提供傳統勞工保障的平台公

司，政府可以考慮提供一些形式的支援，鼓勵他們為工作者提供合理的保障。這可以透過稅收政策、資助計劃等方式實現。

反面觀點： 在香港特殊的經濟環境下，將「零工經濟」工作者納入傳統勞工保障制度的合理性並不完全明確。以下是一些考慮因素：

- **自主性和工作彈性：**「零工經濟」工作者通常能夠自主選擇工作時間和地點，這種自由度是他們選擇這種工作方式的重要原因之一。強制將他們納入傳統保障制度，可能限制了他們的工作彈性，使他們失去了在市場中獲得更高報酬的機會。

- **價值交換和報酬：**「零工經濟」工作者的報酬通常較高，這是因為他們提供的是彈性和即時的服務。他們能夠自行評估工作風險並相應地要求更高的報酬。過度的保障可能導致平台公司無法提供相應的報酬，進而減少工作者的收入。

- **企業可持續性：** 對平台公司施加過多的保障要求可能對其可持續發展造成負面影響。香港的商業環境競爭激烈，許多企業可能無法承擔高額的保障成本，這可能導致一些平台倒閉或減少提供服務，進而影響工作機會。

- **工作者需求多樣性：**「零工經濟」工作者的需求可能因個人情況而異。有些人可能僅尋求臨時性的收入來彌補生活成本，對保障的需求較低。因此，設立單一的保障標準可能難以滿足所有工作者的需求。

高分答案包括：

正面觀點： 零工經濟工作者在香港應獲得相應的勞工保障。

- **全球化的市場趨勢：** 香港作為國際都市，必須與全球的市場趨勢保持同步。在美國和歐洲，有越來越多的討論與行動來保障零工經濟的工作者。例如，加利福尼亞州通過的AB5法案，要求許多自僱工作者被視為僱員，這使他們有資格獲得最低工資、醫療保險和其他福利。香港不應當被拖後腿，而是應該學習這些國家的經驗，給予零工經濟工作者相應的保障。

- **保持勞動市場吸引力：** 在高度競爭的香港勞動市場中，提供合適的勞工保障可以吸引更多人參與零工經濟，特別是那些質量較高的工作者。據研究顯示，提供更多的保障會使更多的人願意參與零工經濟，因為它減少了風險和不確定性。

■ **經濟轉型與技術發展**：隨著科技發展和經濟轉型，零工經濟在香港可能會持續成長。例如，瑞典和芬蘭等北歐國家已經在調整他們的勞工法律以適應這種新型的工作模式。香港也應該提前作好準備，確保其法律體系與時俱進。

反面觀點：納入傳統勞工保障可能不完全適用於零工經濟工作者。

■ **自由市場運作**：香港一直以自由市場的經濟模式著稱。過度干預可能會損害企業的競爭力和創新能力。研究發現過多的規範可能會導致企業選擇不進入市場，減少工作機會。

■ **不同的勞動需求**：香港是一個多元化的市場，其中包括許多臨時工和兼職工作。這意味著，傳統的勞工保障可能不適合所有工作者。例如，日本的零工經濟主要是由年輕人和學生組成，他們可能更看重彈性而不是傳統的勞工保障。

■ **工商業考慮**：香港的商業環境競爭激烈，增加的保障可能增加企業的成本。南韓的一項研究顯示，過多的勞工保障可能會使企業轉向其他市場或選擇不進行擴張，進而減少工作機會。

評分準則

這是一道關於「零工經濟」（gig economy）工作者在香港是否應該獲得勞工保障的問題。這個問題涉及到多方面的考慮，不同的觀點和理由都需要被納入考慮。不合格答案提出了正面觀點和反面觀點，但是在解釋這些觀點時，未能考慮更多可能影響零工經濟的因素，例如社會文化、法律框架等；合格答案不僅僅關注了工人的需求，還考慮了企業、市場、政府等多方面的因素。這種全面的分析有助於更好地理解問題的複雜性。

高分答案之所以獲得高分，是因為它在回答問題時充分展現了深度、全面性和洞察力，考慮了多個相關的因素，包括工人需求、企業利益、市場競爭性、政府政策等。這種全面性的分析幫助讀者更好地理解問題的複雜性，並且顯示答案面試者對問題的綜合性思考。

總結

在探討勞工議題時，有三個必要的步驟，若其中之一不足，可能難以在短時間內達到該職位，因為招聘人數通常有限。首先，考慮香港特殊的商業環境，小型政府和龐大市場已不再是主要強調的方向，這是二十年前前任特首曾提及的，非筆者主張。至於現今香港的商業環境，讀者在閱讀此書後應能找到答案；若找不到，可以參閱現任財政司司長的網誌以瞭解。

其次，需參考其他國家的案例，因為所有涉及香港勞工議題的政策文件，都會舉出國外的實例作為參考。第三點則是考慮年輕人的需求，這是一般沒有閱讀過本書的讀者可能不了解的。舉例而言，在討論勞工保障時，高分的回答中指出，勞工保障是否重要取決於年輕人的優先需求。這不是一個關於「重要」與否的問題，而是一個有關「優先次序」的問題。希望你能清楚區分「優先次序」和「重要性」這兩個概念的差異。

以下是五個勞工議題，針對您在香港政府部門二級助理勞工主任職位面試：

1. 近年來，香港社會普遍關注勞工如何在快節奏的工作環境下實現家庭和職業之間的平衡。請從性別角度出發，探討政府在促進男女平等的同時，如何為勞工提供更多的家庭支持措施，以及這些措施可能如何影響勞工的生產力和福祉。

2. 隨著香港老年人口比例的上升，老齡勞動力的參與變得更為重要。請闡述您對於政府如何鼓勵老年人繼續參與勞動力市場的看法，以及相關政策可能如何平衡保障老年勞工權益與鼓勵年輕人就業的目標。

3. 數字化轉型帶來了新的職業機會，但同時也可能影響部分傳統職業。從教育和培訓的角度，請分享您對於香港政府如何透過創新的培訓方法和教育資源，幫助勞工在數字經濟時代中保持競爭力的建議，並探討這對於減少失業率和提升整體生產力的影響。

4. 香港勞動力市場中，不同世代的勞工常常具有不同的價值觀和溝通方式。請闡述您對於企業如何有效地促進跨世代之間的溝通與合作的看法，以確保知識傳承和團隊協作，同時保護每個世代的權益和需求。

5. 香港越來越多的企業採用彈性工作模式，例如遠程工作和彈性工時安排。請討論您對於政府如何制定適當的工時規範，以確保彈性工作模式既能滿足勞工需求，又不損害他們的健康和工作權益的看法。同時，請探討這對於提升勞工生產力和幸福感的影響。

6.4 大灣區 - 二級助理貿易主任

題目：2021年，內地零售消費總額達50萬億港元，預示著未來其需要成為全球最大的零售消費品市場。在此背景下，試闡述香港如何與粵港澳三地當局協調，就產品訂立統一認證標準以及為符合標準的產品開通綠色通道，以方便其在粵港澳大灣區內優先流通。

不合格答案包括：

- **協助制定統一認證標準**：作為關鍵一環，二級助理貿易主任將與粵港澳三地的政府和相關專家密切合作，共同制定適用於粵港澳大灣區的統一產品認證標準。他們將參與討論，確保標準既充分符合國際標準，同時也能夠適應區域特點和各地的需求。

- **建立綠色通道**：貿易主任將負責協助建立符合統一認證標準的產品的綠色通道。這涉及與海關和相關機構合作，確保這些產品在流通過程中能夠獲得迅速處理，從而促進其在大灣區內的快速流通。

- **政策協調與推動**：在推動統一認證標準和綠色通道的過程中，貿易主任將積極參與協調相關政策的制定和推動。他們需要確保這些政策得到三地政府的認同，同時也要考慮香港的獨特特點，以確保整體發展的平衡。

- **政策制定與執行**：貿易主任在政策制定和執行中扮演關鍵角色，確保統一認證標準和綠色通道的有效實施。他們將積極參與政策制訂，與相關單位合作，解決可能出現的問題，以確保政策能夠成功貫徹落實。

- **監測和調整**：貿易主任負責持續監測產品認證和流通過程的效果。他們將根據實際運作情況，提出相關建議並進行必要的調整。這有助於確保制度運行的高效性和效果，並確保其能夠持續地適應市場需求。

- **國際接軌**：與國際標準組織的合作將成為重要任務，確保統一認證標準與國際接軌。這項合作有助於提升粵港澳大灣區產品的國際競爭力，並確保該區域的產品能夠在國際市場上取得更好的地位。

合格答案包括：

- **市場研究與區域調和**：瞭解粵港澳大灣區內的市場需求，特別是零售消費品的趨勢。例如，如果大灣區內的消費者對有機食品或高技術消費電子產品的需求增加，那麼二級助理貿易主任需要確認這些趨勢，並與三地當局協調確立統一的認證標準。
- **設定和推動統一認證標準**：與粵港澳三地當局合作，確定零售消費品的統一認證標準。例如，如果三地都認為某一款智能手機需要經過特定的測試和檢驗才能在大灣區內銷售，那麼該主任應協助確定這些測試的標準和程序。
- **確保「綠色通道」的流暢運作**：對於那些已經獲得統一認證的產品，二級助理貿易主任需要確保它們能在大灣區內優先流通，這意味著需要和海關、邊境檢查站以及物流公司等進行協調，確保產品能夠快速、高效地進入市場。
- **持續的監督和反饋機制**：設立認證標準和「綠色通道」只是第一步，二級助理貿易主任還需要持續監測這些流程的效果，並根據市場反應和業界的反饋進行調整。
- **協助策劃宣傳和教育活動**：為了讓業界和消費者了解新的認證標準和「綠色通道」政策，二級助理貿易主任可能需要策劃相關的宣傳和教育活動，確保市場對這些新政策有充分的了解。

高分答案包括：

- **食品質量和安全**：例如在「瓊中蜜柚」這類特定食品的出口中，香港業界希望達到統一的食品安全和質量標準。二級助理貿易主任可以協助收集和分析相關的資料，然後與廣東省市場監督管理局進行協商，確保此標準的確立並符合雙方利益。
- **菜**：為了確保大灣區內的餐飲業的順利發展，例如「廣州的白切雞」或「潮州砵仔糕」等具有代表性的 菜，需要確立一套統一的烹飪和服務標準。二級助理貿易主任可以協助香港的餐飲業界參與此標準的訂立過程，確保香港的利益和特色得到保障。
- **機電產品**：假設香港的某家公司生產了一款名為「SmartHome　Hub」的智能家居控制器，該公司希望該產品能在大灣區內流通。為了確保該產品的質量和安全性，需要達到統一的標準。二級助理貿易主任可以協助該公司與廣東省市場監督管理局進行對話，確保「SmartHome Hub」的標準得到承認。

■ 醫療、護理：考慮到一家在香港很受歡迎的醫療護理服務「HealWell Clinic」。該診所希望能夠在大灣區內提供其特有的醫療護理服務。為了達到這一目標，需要與廣東省市場監督管理局確定一套醫療護理的服務標準。二級助理貿易主任可以協助確立這些標準，並確保「HealWell Clinic」的業務在大灣區內得到承認。

評分準則

不合格答案提供的內容相對概括，缺乏具體的案例或具體的行動策略來說明。同時，該答案過於依賴「貿易主任」這一角色，而沒有考慮其他可能的相關利益方或協同角色。合格答案內容結構清晰，從市場研究到持續監督，該答案提供了一個系統性的解決方案。該答案不僅僅考慮了認證標準，還考慮了市場研究、宣傳和教育活動等方面。

高分答案不僅考了不同的產品和服務類型，還提供了具體的香港品牌和產品作為案例，增強了答案的說服力。對於每一個提到的項目，高分答案都給出了具體的解決方案和策略，具有前瞻性，不僅考慮當下的情況，還考慮到未來可能的發展和變化。

總結

香港正積極與粵港澳三地當局協調合作，二級助理貿易主任擔當著關鍵角色，包括制定和監測認證標準，協助開通綠色通道，以及與多個相關機構合作確保商品快速流通。為確保成功，合格的答案應著重於市場研究、區域調和、推動統一認證標準、確保綠色通道流暢、以及持續監督與反饋。而高分的答案則進一步涉及具體的香港品牌和產品案例，提供具體的解決策略，具有前瞻性和說服力。以下是帶有五個針對政府貿易主任職位的面試題目，：

1. 隨著數位經濟的迅速發展，跨境數位貿易成為全球經濟的一個關鍵組成部分。在這一背景下，請描述您將如何協助香港制定策略，利用其現有的數位基礎設施和國際網絡，促進本地企業參與全球數位貿易，並吸引外國數位企業在香港建立業務。

2. 可持續發展已成為全球關注的議題，並對貿易和經濟發展產生重大影響。請闡述您將如何與不同部門合作，制定和推動一個綜合性的可持續貿易策略，幫助香港企業實現經濟增長的同時，減少對環境的負面影響。

3. 近期，區域性貿易協定如RCEP的簽署對亞太地區的貿易環境帶來了變化。請討論您將如何監測這些協定的影響，並就香港在此新情況下的定位提出建議，以確保香港在這些區域性貿易框架中保持競爭力。

4. 人工智慧和區塊鏈等新興技術正快速改變貿易流程和業務模式。請描述您對於這些技術對國際貿易的影響的觀點，並說明您將如何協助香港企業運用這些技術，提升效率和創造新的商機。

5. 地緣政治動盪和全球經濟不確定性可能對國際貿易造成衝擊。請闡述您將如何分析和應對這些風險，以及在不穩定的環境下，您將如何協助香港保持作為國際貿易樞紐的地位，同時為本地企業創造機會和支持。

6.5 - 科技 - 二級管理參議主任

題目：政府於2020年底推出了名為「智方便」的平台，旨在支援公私營機構提供網上服務。然而，新加坡政府早在2017年就推出了數位身份平台「SingPass」，並將公民的個人資料整合至「MyInfo」數據庫。我們是否應該考慮效仿新加坡或其他地區，建立由政府主導運作的個人中央資料庫，以進一步方便市民使用「智方便」所提供的網上服務呢？如果是，詳細做法是什麼？如果不是，有何原因？

不合格答案包括：

正方觀點：建立中央個人資料庫有助於提供更便利的網上服務

■ **效率提升與便利性增加：**建立中央個人資料庫可以將公民的個人資料整合，避免市民重複提供相同的資訊給不同機構。這樣一來，市民在使用「智方便」提供的網上服務時，無需一再填寫個人資料，大大節省了時間和精力。

■ **提高資料安全：**由政府主導的中央資料庫可以實施更強大的安全措施，以確保個人資料不被盜竊或濫用。這能夠保障市民的隱私和資料安全，使其更願意使用網上服務。

■ **推動數位轉型**：建立中央個人資料庫有助於推動政府和私營機構的數位轉型。這種整合資料的方式可以促進更高效的資訊交流，並促使更多的機構提供創新的網上服務。

反方觀點：擔憂隱私風險及集中化風險，不建議建立中央個人資料庫

■ **隱私風險**：建立中央個人資料庫可能使大量敏感個人資訊集中存儲，一旦遭到黑客攻擊或內部洩露，將對市民的隱私產生嚴重影響，甚至可能引發身份盜竊等問題。

■ **單點故障**：中央個人資料庫成為單一的數據存儲點，一旦出現技術故障或系統崩潰，將導致廣泛的服務中斷，影響市民生活。

■ **資料濫用風險**：即使由政府主導運作，仍難以完全杜絕濫用個人資料的風險。政府內部或相關人員可能濫用資料，進行監控或其他不當用途。

■ **抑制創新**：過度集中的資料庫可能抑制了新興的科技和創新，因為只有政府才能獲得對這些資料的存取權，對於私營部門的發展可能形成限制。

合格答案包括：

正方觀點：透過數據互通提供更便利的網上服務

■ **提高效率與便利性**：透過數據互通，政府可以減少重複工作和提高服務效率。「智方便」平台是香港政府的一項新措施，旨在簡化網上服務程序，市民不再需要在不同的平台重複填寫同樣的資料。

■ **個人資料保護**：數據保護的核心是保障個人資料不被濫用或未經授權地共享。香港有《個人資料(私隱)條例》，確保市民的資料安全。而「授權數據交換閘」正是政府為市民提供的一個保障措施。

■ **促進跨部門合作**：跨部門的資訊共享可以提高決策效率和服務品質。香港政府各部門之間有許多相互聯繫的事務，數據互通能夠加強這些部門之間的協作。

反方觀點：保障隱私和防範風險更重要

- **隱私風險**：任何數據交換都有可能帶來隱私洩露的風險。香港市民對個人資料的保護非常重視，過去亦有資料外洩事件，因此對此議題特別敏感。

- **技術問題與單點故障**：數據交換系統的技術問題可能會影響到整個鏈上的服務。香港的公共服務體系涉及多個部門和平台，一旦其中一部分出現故障，可能會影響其他相關服務。

- **資料濫用與監管挑戰**：即使有授權機制，仍需要有透明和有效的監管機制。香港的監管機構需要確保政府部門在使用和共享資料時遵循規定，避免資料濫用。

- **僵化的系統**：過於依賴特定的技術或平台可能會限制未來的發展和創新。香港作為國際都市，需要保持技術和系統的更新和創新，以維持其競爭力。

高分答案包括：

支持建立中央資料庫的論點：

- **雲端分散式存儲**：考慮不建立一個中央化資料庫，而選擇分散式的雲端儲存解決方案。在這樣的機制下，每個公私營機構都可以維持其數據獨立性，而政府只需擁有資料連接和提取的權限。

- **動態授權模式**：這允許市民有更大的數據控制權。市民可以自由地選擇哪些資料可被特定機構存取，並可以在任何時候撤銷這些權限。

- **區塊鏈技術**：考慮使用區塊鏈技術確保資料的完整性和透明性。這種技術的使用意味著市民可以完全確定其資料的使用和存取歷史，提供一個更高的信任度。

反對建立中央資料庫的論點：

- **技術的不確定性**：新的技術，如區塊鏈，儘管有潛在的好處，但仍然存在某些安全和隱私的挑戰。

- **系統的複雜性**：一個集中的資料庫或過於依賴特定的技術可能導致系統的複雜性增加，這會帶來額外的管理和維護成本。

- **成本考慮**：投資於新技術和策略會有相對高昂的初期成本，且長期維護和更新亦需要繼續投入。

- **市民的學習曲線**：新的系統和技術可能需要市民花費一定的時間去適應和學習，這可能在初期影響系統的使用率。

評分準則

- **不合格答案的缺點**：正方觀點中的不合格答案確實提出了一些合理的論點，但它們缺乏足夠的詳細性和深入的探討。它們只是列出了一些優點，卻未提供足夠的支持或實際例子。同樣，反方觀點中的不合格答案也只是提出了一些擔憂，卻未對其進行深入分析。

- **合格答案的優點**：合格答案在兩個觀點下都提供了更具體的分析，並且考慮了更多的因素。正方觀點強調了數據互通、個人資料保護以及跨部門合作的重要性，並引用了現有的法規和保障機制。反方觀點關注了隱私風險、技術問題、資料濫用風險以及系統的僵化，並且提供了具體的例子和挑戰。這些答案更具深度，考慮了問題的多面性，並在討論中融入了更多的現實因素。

- **高分答案的優勢**：高分答案進一步提升了答案的質量，通過提出更具體、實用的解決方案，展示了深入的思考和對現實挑戰的理解。正方觀點中，高分答案提出了分散式存儲、動態授權模式和區塊鏈技術等創新方案，這些方案能夠更好地平衡便利性和隱私保護。反方觀點中，高分答案關注了技術的不確定性、系統的複雜性、成本和市民的學習曲線等因素，這些因素在實際應用中至關重要。

總結

許多人誤以為管理參謀的面試題目是問如何主持會議，然而這是大錯特錯。管理參謀主任需在決策局和部門擔任各種職責，例如協助推行及管理資訊科技系統和設備，協助政府計劃的持份者參與及宣傳工作等。因此，本文所述的面試題目聚焦於管理資訊科技系統。以下是五個備選面試題目，幫助考生了解這一職位面試的實際內容，供其進行充分準備：

- **社會事務項目協調**：在香港，政府致力於改善社會事務，諸如「長者安居計劃」旨在提供長者一個舒適的生活環境。您可以分享您曾參與的項目，談談您如何在香港的多部門環境中，有效地協調不同機構、社區伙伴，以確保項目順利進行，並對香港社會產生正面影響。

- **民意匯集與政策回應**：香港政府高度重視市民參與，以確保政策能夠切實反映市民需求。就像在「未來城市發展諮詢」中，您可以分享您在這方面的經驗，解釋您如何在香港的多元社會裡，有效地收集、分析和整合不同背景市民的意見，並協助政策制定者作出更符合市民期望的決策。

- **社區活動策劃與影響**：香港社區活動多姿多彩，例如「綠色社區日」，這些活動通常對社區有積極影響。請分享您參與策劃的類似活動，說明您如何在香港多元文化的背景下，與不同社區團體合作，有效地宣傳和組織活動，使之不僅為單日盛事，還能對社區產生長遠影響。

- **數據分析助力政策**：香港政府越來越多地運用數據以支持政策制定，例如「空氣質量改善策略」。您可以舉一個類似的例子，講述您如何在香港特有的環境背景下，分析空氣質量數據，提出相關政策建議，以改善香港的環境品質。

- **部門協調與交通改善**：香港是個繁忙的都市，政府在推動交通改善時需要不同部門的合作，例如「交通網絡擴展計劃」。您可以分享您在香港政府工作中，如何協調交通、城市規劃等不同部門，以實現交通流動和市民生活品質的改善。

6.6 公平與平等 - 二級運輸主任

題目：現時市民電召無障礙的士需要支付逾百元預約費用，亦有調查顯示相關費用並無規管，導致收費偏高。在2015年，英格蘭有58%的士可供輪椅上落，而倫敦全部22,500輛的士均可供輪椅上落，當局應否制訂法例或政策，規定的士須可供輪椅上落？

不合格答案包括：

正方觀點：

- **社會包容性**：現代社會應該促進所有市民的平等參與和使用公共交通工具，包括行動不便的人士。制定相關法例或政策能夠確保無障礙的士的可用性，有助於提升社會的包容性和多元性。

- **公共利益**：無障礙的士不僅僅為行動不便的人士提供方便，也符合整體社會的公共利益。老年人、殘障人士和有特殊需要的人士都能從無障礙交通工具中受益。確保無障礙的士的可用性，有助於提升整體交通系統的效益和品質。
- **市場調節**：無障礙的士市場目前缺乏有效的調節，導致收費偏高。制定相關法例或政策能夠引入規範，防止市場壟斷，促進競爭，降低收費，使得無障礙交通工具的使用變得更加合理和可負擔。

反方觀點：

1. **自由市場原則**：過度干預市場可能導致資源配置不佳，制定法例或政策強制性地要求所有的士都可供輪椅上落，可能限制了市場的靈活性和自由競爭。這可能對的士業者造成不必要的負擔，最終可能影響整體的士服務質量。
2. **成本問題**：使所有的士都符合輪椅上落的標準可能需要額外的改造和設備安裝，這可能導致成本的增加。這些成本可能需要轉嫁給乘客，導致收費上升，進一步影響到大部分市民的使用成本。
3. **執行問題**：要求所有的士都可供輪椅上落可能需要複雜的執行和監管措施，確保所有的士都符合相關的標準。這可能需要增加政府的監管成本，同時也可能難以有效執行，從而使政策無法達到預期效果。

合格答案包括：

正方觀點：

- **政府推動無障礙運輸**：政府不直接要求所有的士必須更換為可供輪椅上落的型號，但一直積極鼓勵業界引入這種的士，以實現無障礙運輸的理念。這種逐步推進的方式能夠平衡市場需求和成本，讓的士業界更有動力引入多種可供輪椅上落的車型，滿足不同需求。
- **合作與溝通**：政府與的士業界及車輛供應商緊密合作，確保他們明確了解引入無障礙的士的標準和程序。這種合作能夠幫助業界更有效地選擇適合的無障礙車種，並減少不必要的繁文縟節，從而提高引入無障礙的士的效率。

■ **車隊管理制度**：政府提出引入的士車隊管理制度，鼓勵的士組成車隊並申請牌照。在這個制度下，政府可設定車隊必須包含一定數量的無障礙的士，以確保輪椅使用者能夠方便地使用公共交通工具。這種制度能夠在營運層面上增加無障礙的士的供應。

反方觀點：

■ **市場自由與成本考量**：政府未直接強制要求的士更換無障礙車型，這體現了市場自由的原則。這樣的逐步引導方式能夠更好地考量業界的成本壓力，避免過於急促的變革對業界造成不必要的負擔。

■ **行業可持續發展**：政府建議的士車隊管理制度，但需謹慎考慮，以免制度過於嚴格，影響了整個的士行業的可持續發展。過多的規定可能對的士業者和車隊管理帶來繁重的管理負擔。

■ **立法過程**：政府擬訂相關法例修訂，但在立法過程中需要仔細考慮各方利益，確保新規定既能夠實現無障礙運輸的目標，同時不會給業界和乘客帶來不必要的困擾。這需要政府與社會各界充分溝通，確保法例的制定得以平衡各方需求。

高分答案包括：

正方觀點：

■ **無障礙旅遊概念推廣**：以當前的旅遊潮流和城市品牌建設來看，無障礙旅遊不僅為身心障礙者帶來便利，也增加了城市的國際形象和吸引力。制定政策確保的士可供輪椅上落有助於提升城市的無障礙形象，吸引更多身心障礙的旅客。

■ **數據透明度和智能計費**：當局可以考慮引入基於區塊鏈的計費系統，以確保載客費用的公正性和透明度。這種系統不僅能有效打擊不正當收費，還可以根據實時數據調整費用，更好地平衡供需。

■ **創新補貼機制**：當局可以考慮設計一套動態補貼機制。例如，對於在特定時段內提供無障礙的士服務的司機，給予一定的燃油補貼或路費減免，以鼓勵更多的士提供這種服務。

反方觀點：

■ **文化與適應性考慮**：不同城市和地區有其獨特的交通文化和運輸需求。僅僅因為某地成功實施某項政策，並不意味著其他地方也能夠同樣成功。當局需要深入研究當地文化和需求，才能確定最適合的政策。

■ **創意解決方案**：強制的法規可能不是唯一或最佳解決方案。當局可以考慮建立一個平台，讓輪椅使用者和司機直接互動，或鼓勵的士公司自發提供無障礙服務，甚至引入競爭機制，例如提供補貼或獎勵給首先達到某一無障礙標準的的士公司。

■ **科技導向的解決方案**：在強制法規之前，政府應考慮先投資於科技解決方案。例如，開發一款APP，協助輪椅使用者更容易預定和支付無障礙的士，並給予使用此服務的司機獎勵或優惠，從而刺激市場需求。

評分準則

不合格答案內容中有些觀點之間存在重複，如「社會包容性」和「公共利益」中對行動不便人士的部分。論點比較普遍，沒有針對題目中提到的特定情況和數據進行深入分析，亦沒有引用具體的例子或案例來支持觀點。合格答案考慮了香港情況，提到的「車隊管理制度」等建議，具有一定的操作性，但依然沒有提到具體的數據或事例來支撐論點。

高分答案考慮了多方面的因素，如文化、科技和旅遊等。答案中提及的「無障礙旅遊」和「基於區塊鏈的計費系統」等，使答案更加具體和有說服力。高分答案提出了許多新的和創新的建議，如「科技導向的解決方案」和「創意解決方案」，這顯示出筆者對這個問題有深入的思考和前瞻性的見解。

總結

運輸主任的報考資格僅限於某些特定主修科目的畢業生，此外，許多報考者都已進入私營運輸公司工作，因此競爭形勢十分激烈。透過本章的內容，我們相信讀者已經明白，要從創新、科技以及考慮香港多方面的因素（例如旅遊和國際形象等）來思考解決香港運輸問題。此外，其他可能出現在面試中的問題還包括：

1. 回顧2019年，因社會運動導致的交通中斷和路障頻繁出現。假設您是運輸主任，當有報告指某主要橋樑如銅鑼灣的天橋被封鎖時，您會如何迅速且有效地管理此情況，確保市民的交通需求仍能得到滿足？

2. 由於香港的公共交通票價是由多方面的數據驅動的，如營運成本、油價等。請以近年的香港MTR票價調整為例，描述您會如何蒐集和分析相關數據，以制定合理的票價。

3. 香港的西九龍及將軍澳區近年發展迅速，交通需求也持續上升。假設您負責該區的交通管理計劃，您會優先考慮哪些交通問題？請提供一到兩個具體策略來改善該地區的交通狀況。

4. 2018年的大橋悠閒海之旅事件中，一輛雙層巴士在香港島的薄扶林道翻側，造成多人受傷。若再有類似事件發生，作為運輸主任，您會如何協調緊急響應並確保事故快速且有效地被處理？

5. 針對運輸部門的招標工作，假設您需要評估一份有關香港巴士公司更新其車隊的標書。該標書主打環保電動巴士，但投資成本較高。請問您會如何權衡環保與成本的考量，並作出決策？

6.7 人力資源管理 - 行政主任

題目：您是一位行政主任，負責管理多名前線工作人員，其中包括提供櫃面服務的助理文書主任瑋延。最近，瑋延的情緒和行為問題引起煩惱，他在辦公室時情緒不穩，時而哭泣、時而大聲表達情緒，甚至會摔東西。此外，他的工作表現也受影響，偶爾無法集中注意力，對待市民的態度變得冷漠，缺乏熱誠。您的同事們也感受到這種情況，希望您能介入解決。您曾主動與瑋延溝通，表達對他的關心，但他未能認真對待這些問題。在面對瑋延這種逃避態度時，您將如何處理呢？

不合格答案包括：

- **私下對話**：安排一個私下的會談，讓瑋延感受到您的關心，並提供一個安全的空間，讓他能夠開放地談論自己的情緒和困擾。

- **聆聽和理解**：在對話中，主動傾聽瑋延的情感和煩惱。理解他的處境，可能有一些個人或工作上的壓力正在影響他的表現。

- **情緒管理支持**：提供情緒管理的建議，例如深呼吸、放鬆技巧，以幫助他在壓力下更好地應對情緒。

- **明確表達關切**：讓他明白您關心他的情況，不僅僅是工作上的表現，還有他的個人健康和幸福。

- **制定目標**：與瑋延一起討論和制定改善情況的目標，無論是在情緒管理還是工作表現方面，確保他有積極的方向。

- **提供支持資源**：如有必要，提供有關心理健康的資源，如心理諮詢師或工作坊，以幫助他更好地處理困擾。

- **建立開放溝通**：強調您的辦公室是一個開放的溝通環境，他可以隨時和您交流他的困難和需求。

- **定期追蹤**：與瑋延約定一些定期的追蹤會議，以檢查他的進展，解決可能出現的問題。

- **培訓機會**：如果他的工作表現受到影響，考慮提供一些培訓機會，幫助他提升技能和信心。

- **團隊支持**：同時也要向其他團隊成員傳達您的支持，鼓勵大家理解和幫助瑋延，營造一個互相支持的團隊氛圍。

合格答案包括：

- **耐心了解問題**：我會安排一個私下的面談，以表達我對他的關心。我會先輕輕地問他近期是否有什麼困擾或挑戰，並耐心地等待他的回應。我不會切入他的情緒問題，而是先讓他感受到我們對他的理解和支持。

- **疏導情緒**：如果瑋延開始表達情緒，我會讓他知道他可以毫無保留地說出他的感受。我會積極聆聽，使用開放式問題來了解更多細節。同時，我可能會分享一些情緒管理的技巧，例如深呼吸和放鬆方法，以幫助他在辦公室內保持冷靜。

■ **分析後果**：在聽完他的情況後，我會與他一起探討他的情緒和行為對工作和團隊的影響。我會指出他的不穩定情緒可能影響到他的工作效率和與同事的合作關係，以及如何可能引發市民的誤解或不滿。這有助於讓他意識到問題的嚴重性。

■ **提供建議方案**：在分析了後果後，我會提供一些具體的建議。我可能會建議他尋求專業的情緒支援，例如諮詢師或心理健康專家，以幫助他更好地處理情緒問題。同時，我也會建議他在工作中使用一些情緒管理策略，例如在遇到挑戰時停下來深呼吸，以保持冷靜。

高分答案包括：

■ **耐心溝通**：瑋延是一位負責櫃面服務的助理文書主任，這意味著他每天都與眾多市民有接觸，任何情緒的波動都可能直接影響到公眾服務的質量。我需要與他進行耐心的對話，不從責怪的角度出發，而是以真正想幫助他的心情去了解他的困擾。例如說，"瑋延，我注意到我在櫃台上的情緒和以前不同，我希望能了解更多，看看我們如何可以幫助我。"

■ **疏導情緒**：鑑於香港的工作環境壓力大，公務員的工作量和要求尤其高，這可能會增加工作壓力和情緒問題。我可以通過情緒詞彙，如"挫敗"、"壓力"、"困擾"等，反映瑋延的感受，讓他感到被理解，並嘗試找出其情緒背後的原因。可能是工作壓力，也可能是生活中的其他事情。

■ **分析後果**：公務員在香港的社會地位相對尊崇，他們的行為會被放在放大鏡下觀察，任何不正確的行為都可能引起公眾的不滿和投訴。我需要讓瑋延明白，雖然他的情緒問題可能是暫時的，但它的影響可能是長期的，包括可能影響他的職業前景、團隊合作和市民的觀感。

■ **提供建議方案**：鑑於香港政府為公務員提供了一系列的支援，如「壓力管理熱線輔導服務」5543 7791，我可以建議瑋延嘗試這些服務。此外，考慮到他目前在櫃面服務的位置，也可以考慮短期的工作調動或輪班，讓他有一段時間遠離前線，減少直接的壓力。另外，鼓勵他與專業人士，如社工或心理醫生進行諮詢，尋找更長遠的解決方案。

評分準則

不合格答案中的問題在於它們雖然提供了某種解決方案，但缺乏深度和具體性，或者未能充分考慮到問題的根本性質和背景。以下是不合格答案的問題點，以及高分答案如何克服這些問題。

■ **過於通用或缺乏深度**：不合格答案中的建議很通用，例如提供情緒管理支持、明確表達關切等，但缺乏具體的情境和細節。

■ **高分答案的解決方案：** 高分答案提供更具體和深入的方法，如在對話中使用情緒詞彙，提供具體的情緒管理技巧，以及探討情緒和行為對工作和團隊的影響等。

■ **未考慮問題的嚴重性**：不合格答案中有些建議似乎未能真正考慮到問題的嚴重性和影響。

■ **高分答案的解決方案**：高分答案強調情況的重要性，指出情緒波動可能對公眾服務質量、職業前景等產生長期影響，鼓勵尋求專業的情緒支援。

■ **缺乏個性化和深入的了解**：不合格答案中的建議可能過於一般，未能深入了解瑋延的個人情況。

■ **高分答案的解決方案**：高分答案提出更具體的對話方式，藉此讓瑋延感受到被理解，並藉此找出情緒問題的根本原因。

■ **缺乏戰略性思考**：不合格答案可能未能充分考慮到在特定情況下選擇的戰略性影響。

■ 高分答案的解決方案： 高分答案考慮到瑋延的職位和工作性質，提供更為戰略性的建議，例如短期的工作調動或輪班，以減輕工作壓力。

總結

對於計劃投考公務員的人來說，了解公務員的福利是很重要的。很多人都可以在面試時輕鬆地說出上面提到壓力管理熱線輔導服務的電話號碼 5543 7791。考慮到這一點，你還有什麼理由不去購買這本書呢？

以下是五個多元化的人事問題，針對您在香港政府部門的行政主任職位面試：

1. 您在香港政府部門擔任公務員，領導一支多元文化的團隊，成員來自不同的族群和文化背景。如何在這樣的環境中促進文化理解和團隊合作，將影響到整體團隊的工作效能和氛圍。請分享您在這支多元文化團隊中，如何建立一個尊重不同文化價值觀和背景的工作環境，同時鼓勵成員分享彼此的觀點和經驗。

2. 您的團隊中，兩名成員因工作分工和意見不合而發生衝突，影響了整體團隊的和諧。作為領導者，您需要採取措施解決衝突，並維持積極的團隊合作。請描述您在解決團隊內部衝突時的方法，特別是在尊重每位成員的觀點的同時，確保團隊的合作氛圍能夠繼續存在。

3. 香港政府鼓勵公務員持續專業發展。請分享您如何協助團隊成員制定個人的專業發展計劃，同時設計激勵措施，讓他們保持對工作的投入和興趣。請舉例說明您如何在過去的工作中，支持團隊成員參與專業培訓和持續學習，同時激勵他們將所學應用於日常工作中。

4. 受到疫情影響，部分團隊成員需要進行遠程工作。在這種情況下，如何保持有效的團隊溝通和協調，成為確保工作順利進行的關鍵。請描述您將如何在遠程工作環境中，確保團隊成員之間保持良好的溝通和協作，並確保工作目標得以實現。

5. 您希望通過激勵團隊成員的個人成長來提升整體團隊的績效。如何識別並支援每位成員的職業目標，將對團隊的長遠成功產生影響。請分享一個實際案例，說明您如何在過去的職業生涯中協助團隊成員制定個人的職業發展計劃，並通過個人成長促進整體團隊的效能提升。

6.8 首輪面試 - 政務主任

在政務主任面試中,設有首論和次論的階段。首論階段是最簡單的部分,考生需要在五分鐘內準備一個題目,然後用三分鐘時間進行演講,之後會有一些問答環節。次輪階段則是分為六人一組的小組討論,之後還有一個個人面試環節。最後一個個人面試中,考生需要回答為何想投考政務主任的問題,這個問題在前面的章節中已經提及,這裡就不再重複說明。

本章的重點將放在首論個人演講和次輪小組討論中的答案。需要注意的是,這個面試全程使用英語進行,面試官強調,如果考生的IELTS口語成績只有7-7.5分,很難通過首輪面試。基本上,一開口,考官就能從港式口音判斷考生是否合適,因為他們追求的是優秀的精英人才。

首輪面試涉及抽取一個題目,有五分鐘的準備時間,然後需要在三分鐘內進行演講。在這裡,我將不討論如何在這五分鐘內分析題目,是否需要使用腦圖或樹狀圖進行分析,因為這些技巧通常在小學、中學、大學以及辯論隊、社會活動、學生組織、學生會、非牟利機構和實習時已經成為大家的習慣。同樣地,我也不會討論演講時如何運用手勢,口型、聲音的響亮度,以及口音的掌握。這些方面的素質,如果你沒有具備上述的技能,基本上在首輪面試中很難表現出色。本書的重點僅限於題目、答案以及評分標準。

反過來說,如果你的聲音細小,且沒有在數百人甚至上千人的場合中多次進行演講的經驗,當面臨實際演講時可能會感到緊張,額頭冒汗,口齒不清。即使你的答案得分很高,由於表達能力的不足,也可能導致你無法通過面試。因為在數百人面前用英文或者引用聖經進行演講,這是精英階層經常面對的情境。如果你缺乏這樣的經驗,面試官可能會認為你「放狗屁」,這可能導致你被認為不符合標準。

首輪面試參考題目如下:

1. The Evolution and Challenges of Hong Kong's Chief Executive System.

2. Navigating "One Country, Two Systems": Hong Kong's Political Landscape.

3. China's Political Transformation: From Revolution to Modern Governance.

4. The Taiwan Question: Impact on Cross-Strait Relations.

5. Propaganda and Information Control: Political Mechanisms in China.

6. Democratization Debate: Hong Kong's Journey Towards Full Democracy.

7. China's Market Socialism: Achievements and Challenges.

8. Anti-Corruption Campaigns in China: Progress and Implications.

9. Striking a Balance: China's Human Rights and Global Critique.

10. Youth Political Engagement: Shaping China's Future.

11. Efficacy of Public Administration in Hong Kong: Services and Efficiency.

12. Public Budgeting and Allocation in China: Practices and Issues.

13. Government Digitalization: Enhancing Public Services in China.

14. Urban Planning and Management in China's Rapid Urbanization.

15. Crisis Management and Disaster Response: Government Capacities.

16. Poverty Alleviation Policies: Effects and Sustainable Development.

17. Welfare Systems in Hong Kong and China: Developments and Limitations.

18. Transparency and Accountability in Public Administration: Challenges.

19. Stakeholder Engagement in Public Policy Formulation.

20. Global Governance and China's Role in International Organizations.

21. Economic Diplomacy: China's Geopolitical Strategies and Interests.

22. Belt and Road Initiative: Impacts on Global Trade and Relations.

23. Cultural Influence in Globalization: Balancing Homogenization.

24. Digital Divide in Globalization: Access and Inequality.

25. Migration Trends: Globalization's Impact on Immigration Policies.

26. Climate Change Diplomacy: Global Efforts and China's Contributions.

27. Global Trade Wars: Economic Fallout and Diplomatic Implications.

28. Human Rights in a Globalized World: Challenges and Cooperation.

29. NGOs in Global Governance: Roles and Constraints.

30. Social Media as a Global Political Tool: Power and Accountability.

31. Diplomatic Strategies in the South China Sea Dispute.

32. Technological Sovereignty: Balancing Innovation and Security in China.

33. Hong Kong's Legislative Council: Representation and Challenges.

34. Chinese Foreign Policy: Shifts and Continuities.

35. Social Welfare Reforms in China: Balancing Urban-Rural Disparities.

36. Cybersecurity Challenges in a Digitally Connected World.

37. Sustainable Development Goals and China's Progress.

38. Geopolitical Implications of China's Energy Demand.

39. Hong Kong's Role in the Global Financial System.

40. China's Soft Power Diplomacy: Media and Cultural Influence.

41. E-Government Initiatives: Improving Public Services in Hong Kong.

42. Urban Planning Challenges in Hong Kong's Dense Cityscape.

43. The Evolution of Hong Kong's Healthcare System.

44. China's Public Health Initiatives: From SARS to COVID-19.

45. Technological Surveillance and Privacy Concerns in China.

46. Public-Private Partnerships: Addressing Infrastructure Needs.

47. Education Policy Reforms in Hong Kong and China.

48. Environmental Policies: Balancing Growth and Sustainability.

49. Urban Renewal Strategies: Preserving Heritage and Modernization.

50. Global Citizenship and the Role of Education in a Globalized Era.

有沒有涉及運氣，我說沒有。因為你可以買這本書作準備。例如，有人抽到第4題 "The Taiwan Question: Impact on Cross-Strait Relations"，如果英文表達不清楚 統一或台獨，那麼這人肯定不常看英文報紙。政府期望政務主任每天都閱讀英文 報紙，不要以窮為由而沒有閱讀。香港的大學已經付了費用，你可以透過大學圖 書館免費閱讀付費版的英文報紙。

另一個例子是第22題 "Belt and Road Initiative: Impacts on Global Trade and Re-lations"。如果你連「一帶一路」有多少個「走廊」都不知道，就無法討論相關的走法和進度。這種情況下，你可能是只看社交媒體而不看報紙的人，或者在大學的課業中並未認真學習。不論你是哪個學系的畢業生，都應該探討過「一帶一路」計劃。即使是護士的專業，也需要了解與一帶一路相關的醫療技術。因此，如果大學教育不夠完善，你在首輪面試中可能已經被否定了。

我會以第15題Crisis Management and Disaster Response: Government Capacities. 為例，看看合格和高分的例子。

不合格標準：

「放狗屁」水平-涵蓋多個地區，但僅討論一個事件，舉例來說，比較不同地區對抗COVID所採取的不同方法。

「狗放屁」水平-僅包含單一地區，但涉及多個事件，例如討論香港如何應對COVID和2020年的社會事件。

「放屁狗」水平-只涉及單一地區和一個事件，例如探討香港對抗COVID的應對措施。

合格答案：

危機情況	國家	回應能力	檢討回應成效
自然災害	美國	快速動員聯邦、州、地方政府及救援組織，提供救援、醫療、物資等資源，並進行災後重建計劃。	在某些自然災害中，如颶風「卡特里娜」，美國的應對因協調不足而受到批評，需改進危機協調機制。
健康危機	中國	建立健全的公共衛生體系，能夠迅速響應疫情爆發，實施隔離措施，並進行大規模的病毒檢測和疫苗接種。	在COVID-19初期，信息不透明導致應對延遲，需改善透明度，加強國際合作。
社會動盪	香港	面臨政治抗議和社會動盪，政府可能會實施安全措施，限制公民自由，引發爭議。	香港部分安全措施引起爭議，需找到平衡點，聆聽市民聲音，推動對話和和解。

環境災難	巴西	亞馬遜雨林火災對巴西的生態環境造成嚴重威脅，政府需要平衡經濟發展和環境保護，並防止非法砍伐等活動。	巴西需加強打擊非法砍伐、保護環境，並解決經濟發展和環保之間的衝突。
數位安全威脅	俄羅斯	被指控在網絡空間展開數位攻擊，同時也擁有自己的數位安全戰略，強調對外保護國家的網絡主權。	俄羅斯的數位攻擊行為受到國際批評，需尋求建立更合作的國際數位安全框架

上述描述不同國家面對不同危機情況時的回應能力和檢討回應成效。這種多角度分析涵蓋了五種不同的危機情況（自然災害、健康危機、社會動盪、環境災難和數位安全威脅），並針對每個國家（美國、中國、香港、巴西和俄羅斯）提供了他們的回應和檢討。這種多角度分析有助於理解每個國家在不同危機情況下的表現，以及其回應策略的優勢和不足。

相反而言，那些考生竟然在短短5分鐘的準備時間內，僅限於討論香港三年的抗疫情況作為題材。這絕對是不合格的表現，因為只考慮了健康危機，且僅關注單一地區。要達到考試表格的要求，必須在短短5分鐘內，考慮到不同國家（包括不同州份、發展水平）以及不同種類的危機。只有這樣才能達到合格的水平。對於上述表格中的5個例子，如果無法回答出其中至少3個，絕對是不合格的表現。特別是那些竟然敢在5分鐘內只討論香港的一個危機的人，完全是在胡言亂語。簡單來說，僅僅停留在討論香港抗疫方面，是遠遠不夠的，也不能通過考試。真正的合格表現應該在極短的時間內，考慮到更廣泛的範圍，涵蓋不同國家，不同州份，以及多種不同的危機情況。

高分答案：

國際合作理論強調國家間在共同利益和共同挑戰下，通過合作和協調來實現共同目標的必要性。在全球性危機，特別是數位安全威脅的情境下，國際合作被視為一個重要的應對策略。

國際合作理論：國家在共同面臨的挑戰下，透過協商、合作和共識達成共同利益，有助於維護國家安全、經濟利益和全球穩定。這種合作可以通過雙邊、多邊或國際組織等不同的平台來實現。

應用於數位安全威脅的情境：在數位安全威脅的情境下，跨國數位攻擊可能影響多個國家的資訊基礎設施和國家安全。這樣的威脅通常不受國界限制，因此單一國家的努力可能不足以迎戰這種全球性的挑戰。在這種情況下，國際合作成為解決問題的必要手段。政府應該積極參與國際合作機制，如國際組織、協定、協商等，以共同制定數位安全的國際規範和標準。實例包括：

■ 聯合國（United Nations）：聯合國在數位安全領域進行了多項相關工作，包括《聯合國國際資訊安全發展規範》（United Nations International Telecommunication Union Global Cybersecurity Agenda），以促進國際間的合作，共同制定數位安全的原則和指導。

■ 歐洲聯盟（European Union）：歐洲聯盟致力於推動數位單一市場的發展，並制定了相關的數位安全法規。例如，歐洲通用數據保護條例（General Data Protection Regulation，GDPR）是一項關於個人數據保護的重要法規。

當然，在短短的三分鐘內難以逐一詳細解釋各國如何改善其應對策略。同時，你也無法對每個案例進行深入的分析。因此，你可以從中選擇一個你最熟悉的案例，例如前面提到的方法，然後提供具體的實例來支持你的說法。只有這樣，你才能在面試中取得較高的分數。

示例，第47題：Education Policy Reforms in Hong Kong and China.

Today, I stand before you with a mission – to delve into the realm of educational collaboration between two formidable forces: Hong Kong and mainland China. We will unpack this by focusing on three essential pillars: Digital Literacy, Global Citizenship Education, and Cross-Cultural Exchange Programs.

Firstly, let's consider Digital Literacy. In this digital age, both Hong Kong and mainland China recognize its vital role. It's not just about wielding a gadget; it's about discerning the overwhelming influx of information, navigating the digital maze, and making ethical choices in the online realm. But the approaches differ. While Hong Kong emphasizes grooming students for a globalized economy, mainland China prioritizes fostering leaders in tech innovation. What causes this divergence? Historical contexts, cultural leanings, and national visions play a role. The question becomes, how can we merge these visions for a richer educational experience?

Next, Global Citizenship Education. We've all heard it - the world is now a global village. But how are our students equipped to become its citizens? Hong Kong, with its international financial hub status, emphasizes understanding global economies. Mainland China, burgeoning in global influence, educates its youth about its role on the world's stage. These unique educational focuses, rather than being divisive, can be collaborative. We should be asking: how can we develop programs that share these perspectives, enhancing students' global understanding?

Then, we have Cross-Cultural Exchange Programs. Imagine students from both regions swapping places, gaining firsthand experiences of different educational and cultural systems, and returning home with a broadened worldview. The potential is vast, but it demands a cohesive effort. Schools, governments, and stakeholders must move in sync to make this vision a reality.

In weaving together the strengths of both regions, we stand at the threshold of revolutionary educational advancements. Picture a curriculum enriched by dual perspectives, promoting innovation and cross-cultural understanding.

In closing, I urge you not just to envision, but to act. Let's champion a world where Hong Kong and mainland China, through education, lead the way in global collaboration. A world where our next generation, backed by these joint experiences, rises as well-informed, adaptable global citizens, ready to make their mark in this interconnected global village. Let's create that world together.

考官評分：8 /10

評語：這篇示例就「Education Policy Reforms in Hong Kong and China」一題的內容，從教育學的角度出發，進行了一次深入且有洞察力的分析。文章結構合理，從三個主要支柱來討論兩地的教育政策改革，並嘗試尋求共同點以實現更豐富的教育體驗。這種多元的觀點和呼籲行動的態度，使得這篇演辭具有啟發性，能夠引起考官思考並激發追問。

1. How might historical contexts and cultural leanings influence the divergence in approaches to digital literacy education between Hong Kong and mainland China? Provide specific examples.

2. In what ways could the collaboration between Hong Kong and mainland China in fostering digital literacy lead to a more comprehensive and effective curriculum? What challenges might arise in merging their visions?

3. The concept of "Global Citizenship Education" can be interpreted differently across regions. How can educational systems in Hong Kong and mainland China bridge their unique perspectives to create a cohesive program that prepares students for global citizenship?

4. Given the distinct financial and economic roles that Hong Kong and mainland China play on the global stage, how might their respective approaches to global citizenship education reflect their unique contributions to the global economy?

5. Cross-cultural exchange programs are often seen as beneficial, but implementation can be complex. How can schools and governments ensure that such programs provide meaningful experiences for students and contribute to their cross-cultural understanding?

6. Discuss the potential advantages and disadvantages of adopting a standardized digital literacy curriculum across Hong Kong and mainland China. How might this impact students' adaptability and competitiveness on the global scale?

7. Education policies are deeply intertwined with political and societal factors. How might political influences impact the ability of Hong Kong and mainland China to collaborate effectively on education reforms, especially considering their differing political systems?

8. Technology and innovation are emphasized in mainland China's approach to education. How can Hong Kong's strengths in finance, business, and international connections be integrated to complement China's innovation focus in the context of education?

9. In your opinion, what role do language and communication play in facilitating successful collaboration between Hong Kong and mainland China in terms of education policy reforms? How might language differences be addressed?

10. Imagine you are tasked with designing a comprehensive cross-cultural exchange program between Hong Kong and mainland China. What key elements would you include to ensure that students gain a holistic understanding of both regions' cultures and education systems?

以下是十個值得學習的英文口語:

1. **Formidable forces - 強大力量**:指具有巨大影響力或實力的實體,可能是組織、國家或其他重要力量。

2. **Delve into - 深入探究**:進一步深入研究或探討特定主題、問題或領域。

3. **Unpack - 解析、拆解**:將複雜的概念或內容分解、解釋,以更好地理解其組成部分。

4. **Historical contexts - 歷史背景**:特定事件或情境發生時的歷史環境、社會背景和相關因素。

5. **Cultural leanings - 文化傾向**:個人、社會或國家對特定文化價值觀的偏好或趨向。

6. **National visions - 國家願景**:國家對於長期發展、目標和未來走向的宏觀理念。

7. **Diversion - 分歧、偏差**:指在特定議題或問題上的不同看法、方向或重心。

8. **Burgeoning - 蓬勃發展**:形容事物正在快速成長、擴展或興盛。

9. **Cohesive effort - 共同努力**:團結一致的行動,通常用於達成共同目標或解決複雜問題。

10. **Revolutionary advancements - 革命性進步**:指突破性的改變或進展,能夠徹底改變現有情況或領域。

總結

我特選了一個兩地教育政策的題目作為示例。考生未能取得滿分的原因是，他們所討論的不是目前教育領域熱門的STEM和國民教育議題。然而，我認為他們的選擇是正確的，因為這表現出這位考生並非教育專業背景，他們在選擇文化交流等議題方面表現得很好。在追問時，他們也能保持一定的水平。若考生選擇一些他們不熟悉的STEM議題，那麼在追問環節中可能會顯露出他們的不足之處。

關於追問答案，通常在本書中都可以找到。例如，第5題是關於跨文化交流計劃的益處和複雜執行問題。學校和政府如何確保這些計劃為學生提供有意義的經歷，並促進他們的跨文化理解？這些一般性且簡單的問題，通常可以在本書的其他章節中找到答案。

6.9 次輪面試 - 政務主任

在次輪的6人小組面試中，每個人都需要根據自己被分派的部門發言。事實上，這是政府內部常用的政策制定方法。例如，梁特首提出的「限奶令」以及李特首提出的「搞旺夜市」，都經常使用這些方法。以夜市為例，是否會再次產生類似以往小販制度引發的環境衛生問題。

關於會議的進行，如果你是主席，你應該如何操作？何時應該中止某人的發言？怎樣才能有效地主持會議，確保會議進程不會偏離軌道？作為會議的一員，你又該如何在有限的時間內保持高質量的發言？另外，在什麼情況下可以插話是一個需要謹慎處理的問題（這與輪流發言不同，這裡指的是會議）。這些技巧應該在你參與學生組織和實習時得以掌握，但這本書並未詳細涵蓋這些方面。

從你小學時擔任風紀、班長開始，你就開始了會議的主持。到了中學，你又成為了運動校隊成員，還參與了學生會，積極參與各種會議。進入大學後，機會更加豐富，尤其是在不同的地方進行交流，讓你更加嫻熟地掌握了何時發言、何時插話以及何時中止他人的發言。你還學會了如何巧妙地提出相反的觀點，而不讓他人感到針對。這些禮儀技巧積累了十多二十多年的經驗，無法完全從本書中學到。本書只能教你如何準備題目和提供答案。

真正的面試通常以英文進行，偶爾可能會有中文環節，但可能不太正確，因為基於疫情的調整，一些規則有所改變，這裡不進行詳細討論，然而評分標準保持不變。以下是簡單版本的試題示例：

1. 政府有意鼓勵市民多使用交通公共工具。以沙田區為例，政府召開了一場會議，你將代表被分發的部門發言。涉及的部門有路政署、運輸署、環境保護署、規劃署、建築署和旅遊事務署。

2. 政府打算加強對政府文件的管理和保護。政府將召開一場會議討論此事，你將代表被分發的部門發言。涉及的部門有政府檔案處、法律援助署、公務員學院、選舉事務處、康樂及文化事務署和香港天文台。

3. 政府決定重視香港與內地的經濟文化交流。政府將舉行一場專題會議，你將代表被分發的部門發言。涉及的部門有香港特別行政區政府駐北京辦事處、香港經濟貿易辦事處 (內地)、香港經濟貿易文化辦事處、旅遊事務署、創意香港和工業貿易署。

4. 政府關注青年發展和社會事務。以灣仔區為例，政府打算開展一系列青年發展項目，你將代表被分發的部門發言。涉及的部門有民政及青年事務局、政府新聞處、勞工及福利局、社會福利署和教育局。

5. 政府計劃在市中心設立電動車充電站，但當地居民對此表示關切。以西區為例，政府將召開一場公聽會，你將代表被分發的部門發言。涉及的部門有環境保護署、運輸署、發展局、建築署和公務員事務局。

6. 政府建議在所有公共場所禁止吸煙，但部分市民認為這限制了他們的自由。政府將舉辦一場公聽會，你將代表被分發的部門發言。涉及的部門有衛生署、食物環境衛生署、政府新聞處、康樂及文化事務署和民政及青年事務局。

以下是第1題，全組不合格答案：

■ 路政署：考慮沙田區的道路網絡和交通流量，特別是在繁忙的沙田市中心區域；在沙田市中心或大圍等地方增設公共交通專用道，以提高公共交通的效率。

■ 運輸署：與當地的公共運輸供應商（如巴士公司、小巴線等）協商，確保提供頻繁和高效的服務；在沙田區內的主要交通樞紐如沙田站、大圍站設立更多的資訊牌，為乘客提供公共交通信息。

- **環境保護署**：推廣低碳排放的交通工具，例如在沙田區內推出電動巴士路線；監測沙田區的空氣質量，並宣傳使用公共交通工具的環保益處。
- **規劃署**：考慮沙田區的都市發展，確保交通網絡與新的建設項目相協調；確保新建住宅區或商業中心都有便利的公共交通連接。
- **建築署**：在沙田區內進行的公共工程中考慮交通設施，例如增建行人天橋或地下通道，以便乘客輕鬆前往公共交通站點。
- **旅遊事務署**：在沙田區的主要旅遊景點（如沙田賽馬場）提供旅遊公交路線資訊；鼓勵遊客使用公共交通工具，減少私家車前往沙田區的旅遊景點。

以下是第2題，全組不合格答案：

- **政府檔案處**：強化數位化工作，促進電子文件的建立和保存。
- 加強文件存銷和訪問的安全機制，確保文件不被未經授權的人員訪問或外洩。
- **法律援助署**：建立法律合規性和隱私保護的框架，確保文件存取和分享符合法律法規。
- **公務員學院**：強化公務員的培訓和教育，提高他們對文件保護和隱私保密的意識。
- **選舉事務處**：在選舉事務中建立嚴格的文件管理和保護措施，確保選舉相關文件的安全和可信性。
- **康樂及文化事務署**：在文化活動和娛樂活動中，確保相關文件的保存和保密，防止信息外洩對活動的影響。
- **香港天文台**：加強政府文件的備份和恢復機制，確保在災害應對中相關信息能夠及時提供和共享。

以下是第3題，只有會議主席合格的答案，即其餘考生不合格：

在這次專題會議中，我們提出以下合作分案「推動跨境文化創意產業合作」，2以促進更緊密的合作和交流：

- **香港經濟貿易辦事處 (內地)**：負責協助本地文化創意企業在內地市場的推廣和拓展，舉辦文化交流展覽、座談會，幫助企業建立內地合作伙伴關係。

- **香港經濟貿易文化辦事處**：負責聯繫香港和內地的文化藝術團體，促成演出、展覽等文化活動的合作，推廣香港獨特的文化特色。

- **旅遊事務署**：負責舉辦文化主題的旅遊推廣活動，將香港的文化體驗融入旅遊行程，吸引內地遊客前來香港。

- **創意香港**：提供支持和資源，幫助本地創意人才在內地市場展示和推廣他們的作品，舉辦創意交流活動，促進跨領域合作。

- **工業貿易署**：協助本地文化創意企業解決在拓展內地市場過程中可能遇到的貿易和產業問題，提供相關的政策支持和指導。

- **香港特別行政區政府駐北京辦事處**：負責協調各部門的合作事宜，促進政府層面的溝通和合作，同時積極推動項目的落實和執行。

以下是第4題，只有會議主席和首2位考生答案，其餘3名考生不合格：

建立一個青年社區創新中心，提供多元化的學習、交流和創新機會，讓灣仔區的青年人能夠全面發展和參與社會。各相關部門的合作如下：

民政及青年事務局協辦的職業訓練：

- 在灣仔區提供多元的職業技能培訓，如：電腦編程、網頁設計及烹飪等，為青年開拓更多的技能與興趣。

- 透過與區內企業的合作，為青年提供實習和工作的機會，讓他們得以將所學實際應用於工作中。

社會福利署的心理及社交支援:

- 社交活動可以包括：地區文化活動、音樂表演、藝術展覽、運動比賽、電影放映、手工藝工作坊等。這些活動可以幫助青年更好地了解他們的社區文化，並與其他區內的青年建立聯繫。

- 團隊建設工作坊則可包括：領導力訓練、合作遊戲、解決問題的挑戰、溝通技巧訓練等。這些活動旨在培養青年的團隊合作能力和社交技巧。

- 針對灣仔區青年的特點，我們可以考慮區內的歷史、文化和特色，結合當地的文化元素。例如，可以舉辦關於灣仔區歷史的講座或遊覽活動，讓青年更加了解自己的社區，並培養他們對社區的歸屬感。

教育局主導的學術資源:

■ 在灣仔區的學習中心,我們提供特定的學習區,方便學生進行日常功課、溫習和自學。

■ 與教育局的專業團隊及區內志願者合作,舉行課業輔導和學習技巧工作坊,協助區內學生提升學業水平。

■ 針對數碼化學習的需求,提供電腦和網路設備,使學生得以進行線上學習和資料查詢。

政府新聞處的宣傳與推廣:

■ 利用各大媒體在香港推廣灣仔區的創新中心,鼓勵更多青年參與。

■ 透過展覽和座談等形式,展現青年在創新和社區服務方面的出色表現。

勞工及福利局及社會福利署的就業及社會支援:

■ 在區內提供職業規劃的建議,協助青年明確他們的職業方向和目標。

■ 並設有專門的就業資訊中心,提供最新的就業市場資訊和專業指導。

以下是第5題,除了會議主席外,其餘5位生合格:

■ **環境保護署代表:** 我們深知香港西區的環境資源珍貴,而市中心的充電站建設可能會對這片獨特的區域帶來衝擊。該地區植被豐富,是許多野生動植物的棲息地,我們擔心充電站建設可能導致生態平衡失調。我們必須在進行詳細的環境影響評估之後,才能確定充電站是否會對當地生態造成不可逆的影響。

■ **運輸署代表:** 考慮到香港西區的交通壅塞情況,我們認為設立充電站將對改善交通環境帶來正面影響。電動車的使用可以減少空氣污染,但我們必須綜合考慮西區的道路狀況,以確保充電站的設立不會進一步加劇交通擁堵。此外,充電站的位置應該考慮到附近居民的意見,以確保市民的利益得到充分保護。

■ **發展局代表:** 我們了解香港西區的特點,並希望能夠在兼顧經濟發展和環境保護的前提下,推動計劃。在市中心建設充電站可能會增加該地區的商業活動,吸引更多人前來。但我們必須謹慎考慮建設充電站的位置,以免對當地文化和社區特色造成不良影響。我們應該在計劃中充分考慮西區的現況,並找到平衡的解決方案。

- **建築署代表**：香港西區的建築環境獨特，我們支持充電站的建設，但必須確保建築設計與該區現有的建築風格相協調。充電站的建設應該遵循香港的建築標準和規範，同時也要確保建築的安全性。我們不希望充電站的建設影響到西區的建築特點，因此需要在設計階段進行深入的討論和評估。

- **公務員事務局代表**：考慮到香港西區的多元性和市民關切，我們認為這個計劃應該更加注重公眾參與。我們建議建立開放的溝通平台，讓市民能夠提供意見和建議。透過這樣的方式，我們可以減少衝突，確保計劃的執行符合當地居民的期望和需求。在考慮計劃的可行性時，我們應該充分尊重西區居民的意見。

以下是第6題，全組合格示例：

「香港公共健康促進計劃：向無煙環境邁進」是一個綜合的政府倡議，旨在保障市民的健康和促進公共福祉。這項計劃凝聚了衛生署、食物環境衛生署、康樂及文化事務署、政府新聞處以及民政及青年事務局等部門的合作，共同致力於創建一個無煙的環境，為香港市民提供更健康的生活方式。

衛生署：

- **立場**：我們認為禁止吸煙政策是保護市民健康的必要措施。
- **香港現況**：香港的吸煙率仍然較高，吸煙對公共健康造成嚴重傷害。
- **功能**：我們負責監察公共健康，吸煙對健康的危害已被充分證實，我們應該積極提倡禁煙政策。

食物環境衛生署：

- **立場**：我們關注禁煙政策對餐飲業的可能影響。
- **香港現況**：餐飲業是香港的重要經濟支柱，政策可能對其經濟運作帶來挑戰。
- **功能**：我們負責維護食品安全和環境衛生，我們應該與餐飲業合作，找到平衡，確保政策實施過程中他們的需求得到考慮。

康樂及文化事務署：

■ 立場：我們擔心禁煙政策可能影響文化和娛樂場所的運作。

■ 香港現況：文化和娛樂場所是市民休閒的一部分，政策可能對這些活動帶來變化。

■ 功能：我們負責促進康樂和文化活動，我們應該與相關機構合作，找到方法保護公共健康，同時維護市民的休閒需求。

政府新聞處：

■ 立場：我們要確保政策的宣傳和溝通能夠有效傳達政府的意圖和理由。

■ 香港現況：公眾對禁煙政策可能存在疑慮，需要清晰的宣傳。

■ 功能：我們負責政府的宣傳和傳媒關係，我們應該制定有效的溝通策略，解釋政策的目的和影響，回應市民的疑慮。

民政及青年事務局：

■ 立場：我們關注禁煙政策可能影響到年輕人的社交活動和習慣。

■ 香港現況：年輕人的社交習慣對他們的成長和發展至關重要。

■ 功能：我們負責民政和青年事務，我們應該聆聽年輕人的意見，提供社交替代方案，確保他們的社交需求得到滿足。

為實現無煙環境這一目標，各部門在計劃中分工明確，展開一系列的策略和舉措。衛生與環保部門負責提供吸煙危害的科學資訊，強調吸煙對健康的危害性，特別是被動吸煙的潛在風險。文化康樂部門則致力於宣傳活動，通過舉辦健康康樂活動，提高市民對吸煙危害的認識，同時鼓勵他們參與健康的休閒活動。政府新聞處負責制定清晰的宣傳計劃，通過媒體渠道向公眾傳遞禁煙政策的理念和目的，回應市民的疑慮，促進政策的理解和支持。

與此同時，食物環境衛生部門與餐飲業界展開合作，通過設立無煙餐廳標誌，鼓勵餐廳主動實施無煙環境，並提供戒煙宣傳資料，協助吸煙者改變習慣。民政青年部門則聆聽年輕人的意見，推動社會對青少年戒煙需求的關注，同時提供社交替代方案，協助年輕人更好地適應新的無煙生活方式。

這個名為「香港無煙環境共創計劃」的綜合倡議，凝聚了多部門的努力，為打造健康、宜居的社會提供了全面性的解決方案。透過各部門的合作，逐步實現無煙環境的目標，我們將共同為香港市民的健康和幸福貢獻一份積極的努力。

總結：

通過觀察以上六個示例，我們可以確信讀者都明白，在第一和第二個情境中，輪流發言的模式將導致整個團隊的失敗。這種輪流發言的方式，就像航空公司的小組面試標準一樣，每個人只是自說自話，沒有有效的交流和分工，缺乏聆聽的能力，更遑論假裝聆聽了。在有限的會議時間內，不能迅速尋找合作空間，這是一種行不通的方式。因此，我們應該在會議開始時就保持聆聽，積極尋求合作機會。

關於第三和第四個情境，考生們都知道應該根據特定區域的特性來進行討論，比如在討論灣仔區的青年計劃時，應該考慮灣仔區的獨特性。然而，由於會議時間有限，很多考生無法充分表達自己的想法。在有限的時間內如何準確地傳達自己的意見，這是一個需要長期積累的技能，無法僅靠書本教學來獲得。

至於第五個情境，各部門雖然有意合作，但會議主席未能引導大家達成共識，因此這次合作被認為是不成功的。最後，第六個情境則是一個最佳的示範。各部門可能持有不同的立場，但是他們能夠從即時、短期、中期和長期的角度來思考，並且尋找方法來實現政府的目標。

Chapter 07

急救室

7.1 衣著服飾

我想向現今的年輕人分享一點心得：投資幾千元在一套度身訂造的衣著上，是非常值得的。當你看到面試官的打扮比你好十倍時，你就會明白，不論你是否出身於公屋或貧民區，你在大學度過的那四年，例如我在薄扶林讀書的時光，都是為了能夠展現出一個高質素的形象，讓人難以看出你的背景。

面試官是在選擇未來的同事，他們會注意你的外表。如果你穿著價格不高的衣物，沒有修整過的頭髮，背著破爛的書包，儘管書包在面試前會被收起來，但安排面試的人也難免會忍不住發笑，心想這樣低質素的打扮怎麼能夠加入我們優秀的團隊呢？

因此，我懇請年輕人，不要對幾千元的投資感到遲疑，一套得體的打扮是必要的。如果連這點錢都不願意花，恐怕面試官也不太會看好你。

同時，請在面試當天早些起床，確保自己的形象整齊。除了政務主任職位，其他職位通常只有一次面試機會來決定結果。所以，請一定要注意這些細節吧！

7.2 年齡

很多人問我什麼年紀應該放棄考取政府職位。現在就告訴你，就在2023年，在黃大仙大鵬筵席的黃姓政務主任，年僅29歲就成功考進政府，擔任政務主任。所以，考取政府職位並沒有年齡上的限制。

首先，針對JRE考試，憑藉著筆者之前出版的那本廣受歡迎、屢次售罄、被反覆印刷的書，你一定能輕鬆通過考試。至於面試方面，如果有機會，我會在各大學面試課程中跟您有一面之緣；就算沒有這個機會，也不必擔心。只需要購買那本書，深入理解其中的理論知識，對書中的參考題目進行詳細練習，你一定會取得成功

7.3 Killer questions

面試題目絕非隨機出現。以你修讀工程學為例,面試時可能會避開工程相關問題,而傾向於國民教育或文化保育等領域的問題。同理,如果你背景是法律,則可能不會直接問法律問題,而可能會詢問你對於三隧分流對交通影響的看法。因此,無論你報考政務主任職位,還是其他職位如運輸主任、貿易主任,都應該仔細閱讀相關的參考資料,以應對可能出現的不同題目。

江湖傳聞指出,如果考官對考生有不良印象,或者覺得考生的意見與其不合(例如政見),可能會特意設計一些難題來使考生失敗。然而,我們不能在此確定這種傳聞的真實性,唯我們可看看這些特殊題目。

個人面試題目:作為食物及環境衛生署的前線領導,領導四名二級工人的你,面臨了一個具有挑戰性的情況。有一天,你們接到一個任務,需要前往某屋苑清理一具跳樓身亡的屍體。然而,其中一位新入職的二級工人出於宗教信仰,表示不願意接觸這些「邪靈」,拒絕執行這項工作。在這種情況下,作為前線領導,你應該如何處理?

零分(即時死亡)答案:

尊重宗教信仰及情感需求:

■ 尊重工人的宗教信仰,尋找其他同事代替他執行工作。

■ 提供心理支持,幫助工人克服恐懼。

■ 考慮提供額外休息時間或假期,幫助他處理情緒。

■ 鼓勵工人參與宗教活動,緩解恐懼感。

■ 提供心靈慰藉,幫助他處理宗教信仰和職業責任之間的矛盾。

■ 建立開放的溝通環境,讓工人表達感受。

找到替代方案:

- 與其他同事討論,尋找解決方案。
- 探討其他工作任務,確保每個人處理舒適的工作。
- 考慮分解任務,讓工人參與可接受部分。
- 委派同事陪同工人,提供支持和協助。
- 考慮重新分配工作,確保每個人都參與自己感到舒適的工作。

宗教教育與溝通:

- 與工人私下對話,了解宗教信仰。
- 舉辦宗教文化教育,增進團隊理解。
- 與宗教領袖或輔導人合作,幫助工人處理。
- 與心理專家合作,提供必要的心理輔導。
- 與工人分享類似經驗,建立情感支持網絡。

程序與法律合規:

- 與相關部門協調,確保程序符合宗教信仰。
- 與相關單位合作,確保程序合法合規。
- 與上級領導協商,延遲執行任務給工人準備時間。

技術與工具運用:

- 考慮使用特殊工具或裝備,減少工人接觸。
- 考慮使用無人機或機器人執行任務。

團隊合作與支援:

- 與其他工作人員討論,尋找解決方案。
- 舉辦團隊建設活動,增強合作和凝聚力。

上級領導層和外部支援：

- 與上級領導討論特殊豁免措施。
- 與工會或人力資源部門合作，尋找宗教信仰保護政策。

安全和衛生考量：

- 提供必要的安全保障措施，減少工人壓力。
- 考慮延遲執行任務，給工人更多時間準備。

上述答案並不是不合格，而是達到了零分的標準，因為它違反了幾項重要原則。首先，清理現場的任務是緊急的，如果不進行清理，警方將無法劃定專屬的封鎖區進行調查。此外，這也涉及到公共衛生問題，如果不立即進行清理，就無法設置封鎖區，其他同事需要在封鎖區外立即進行清潔，以防傳染病風險或引發社區不安。因此，與同事和上司溝通的做法完全違反了事件的緊急性，不僅僅是不合格，而應被評為零分。

另一個零分答案是尋找替代人手。我聽過最不合理的回答是前線領導親自去幫忙，或者請警方、消防等提供幫助。這同樣違反了許多準則，前線領導親自參與就違背了自己的職責，主管的職責是管理，而不是執行，必須明確區分。要求警方、消防等提供幫助更是跨越了部門界限，給予了指示。甚至叫市民幫忙的話，一旦出現混亂，例如之前熱心的市民或保安員是兇手，將受害者推下樓的就是他/她，情況會更加混亂。因此，這肯定是一個零分答案。

另一個不合理的方案是即讓三名二級工人處理四名工人的工作量。若其中二級工人受傷，作為主管應如何應對？此外，需注意二級工人受工會指引保障，不可將四人的工作分配給三人。另外，要求總部派人支援，但未考慮事件緊急性，將被判零分。又，針對新入職的二級工人，考慮到他/她已經情緒不穩定，若給予警告可能會讓情況變得更加糟糕，並不顧及他/她的情感。假如他人將這些情況錄音，作為主管，應該如何應對呢？這將增加更多的困難和麻煩，進一步加深現有的問題，所以

又是一個零分答案。

為什麼稱之為「Killer question」呢?因為存在太多零分答案。

政務主任小組面試題:有市民向食物環境衛生署投訴有人在山徑上晒衫,但食物環境衛生署視察後表示,該處是山徑中的公園柱,負責權應由康樂及文化事務署承擔。然而,康樂及文化事務署解釋山徑中的公園柱上僅掛有晒衫的繩子,且該繩子延伸至馬路一側,因此責任應由路政署負責。然而,路政署卻指出這些衣物上印有某特定政府部門的標誌,認為應轉交給公務員事務局進行後續處理。然而,公務員事務局卻說儘管這些衣物帶有特定政府部門的標誌,但未必代表所有者是公務員,可能是某人隨意在網上使用政府部門的標誌來製作衣物,因此需要由海關來判定真偽。在處理上述情況時,請問您認為應該由哪個政府部門來負責處理這起投訴案件?請提供您的理由和相應的解決方案。

不合格答案:

食物環境衛生署:

- 需負責的原因:最初接到投訴並進行了初步調查,確定涉及山徑上的晒衫情況,因此需要承擔初步調查的責任。
- 不需負責的原因:在視察後確定涉及公園柱,超出其範圍,因此轉交其他相關部門處理。

康樂及文化事務署:

- 需負責的原因:公園柱作為休憩設施的一部分,即使只有晒衫的繩子,仍需要負責確保公共區域的管理和秩序。
- 不需負責的原因:公園柱上的晒衫繩子延伸至馬路一側,牽涉到路政和交通管理,超出康樂及文化事務署的範圍。

路政署:

- 需負責的原因:晒衫繩子延伸至馬路一側,可能影響交通和路政安排,需要確保交通安全和秩序。

- 不需負責的原因：儘管晒衫繩子涉及馬路一側，但衣物上印有特定政府部門的標誌，使其牽涉到公務員事務局的相關問題。

公務員事務局：

- 需負責的原因：衣物上印有特定政府部門的標誌，可能涉及公務員身份或政府資源的使用，需要確保公務員的形象和政府資源不被濫用。
- 不需負責的原因：雖然衣物帶有特定政府部門的標誌，但並不代表所有者就是公務員，可能是某人隨意使用標誌，因此需要海關判定真偽。

海關：

- 需負責的原因：衣物上印有特定政府部門的標誌，涉及知識產權和標誌的真偽問題，需要進行驗證和確定是否有侵權行為。
- 不需負責的原因：雖然需要判定標誌真偽，但這僅是關於標誌的問題，並不涉及具體的晒衫行為或地點的管理。

成立跨部門工作小組：

- 在各相關部門間成立一個臨時的跨部門工作小組，包括來自食物環境衛生署、康樂及文化事務署、路政署、公務員事務局和海關的代表。
- 小組負責協調、整合不同部門的資源和專業知識，找到解決方案，以確保衣物晾曬行為得到適當的管理。

最荒謬的事情莫過於應對跨部門的情況，甚至在山區都要協調不同部門的合作。這件真實事件令人匪夷所思。據聞，當年甚至動用了一位喜愛紅酒的政務司司長，他在開會時第一句話就怒斥道：「這種小事也要我親自處理嗎？」現在回想起在公共住宅區看到人們在四周曬衣的情景，實在令人感慨。然而，這種情況在現代已經不復存在，政府已經妥善解決，居民也都明白了規範，難以想象幾個市民在山旮旯曬衣也需要跨部門協調。最終，司長訓斥各部門主管離席散會。

其他方面的回答都是老生常談，例如在公共場所由誰負責處理等問題，早已由政府設定明確。回顧2019年的社會事件，街頭上充斥著各種雜物，這些都是由路政署進

行清理的。而現今，街市衛生則由食物及環境衛生署負責，這點十分清楚。

關於有考生代表海關表示只接受轉介個案，並不主動進行實地視察，這樣的說法是錯誤的。海關經常前往旺角先達廣場檢查是否有盜版電話殼的情況，這不正是他們主動行動的一例嗎？顯然，此人對於海關的運作不夠瞭解。同樣地，聲稱公務員事務局不需要負責這件事情的說法也是站不住腳的，處理制服問題當然有明確的規範，如果不了解，可以上網查閱相關資訊。

為什麼稱之為「Killer question」呢？因為這題目太容易導致全組六人不合格哩！

期間限定放送

若您需要取得兩道罕見的「Killer Questions」問題之答案，請連同本書收據照片一同傳送至hkuleesir@gmail.com。名額有限，請勿失良機。

看得喜 放不低

創出喜閱新思維

書名	投考政府專業職系 Professional Grades 面試天書
ISBN	978-988-76629-1-4
定價	HK$198
出版日期	2023年11月
作者	李 Sir
版面設計	吳國雄
出版	文化會社有限公司
電郵	editor@culturecross.com
網址	www.culturecross.com
發行	聯合書新零售

網上購買 請登入以下網址：

一本 My Book One
🌐 (www.mybookone.com.hk)

香港書城 Hong Kong Book City
🌐 (www.hkbookcity.com)